集美大学学科建设经费资助出版

新型建筑材料

迟耀辉　孙巧稚　编著

WUHAN UNIVERSITY PRESS
武汉大学出版社

图书在版编目(CIP)数据

新型建筑材料/迟耀辉,孙巧稚编著.—武汉:武汉大学出版社,
2019.4(2022.8 重印)
ISBN 978-7-307-20790-5

Ⅰ.新…　Ⅱ.①迟…　②孙…　Ⅲ.建筑材料—高等学校—教材
Ⅳ.TU5

中国版本图书馆 CIP 数据核字(2019)第 041019 号

责任编辑:胡　艳　　责任校对:李孟潇　　整体设计:马　佳

出版发行:**武汉大学出版社**　(430072　武昌　珞珈山)
　　　　(电子邮箱:cbs22@whu.edu.cn 网址:www.wdp.com.cn)
印刷:武汉邮科印务有限公司
开本:720×1000　1/16　印张:12.5　　字数:196 千字　　插页:1
版次:2019 年 4 月第 1 版　　2022 年 8 月第 2 次印刷
ISBN 978-7-307-20790-5　　　定价:30.00 元

前　言

建筑材料是指用于建筑工程所有材料的总称，它是一切建筑工程的物质基础。传统建筑材料主要包括烧土制品（砖、瓦、玻璃类）、砂石、灰（石灰、石膏、苦土、水泥）、混凝土、钢材、木材和沥青七大类。新型建筑材料是在传统建筑材料基础上产生的新一代建筑材料。新型建筑材料（New Building Materials）是指最近发展或正在发展中的有特殊功能和效用的一类建筑材料，它具有传统建筑材料无法比拟的功能，具有比传统建筑材料更优异的性能。大连理工大学王立久教授认为，凡是具有轻质高强和多功能的建筑材料，均属于新型建筑材料。即使是传统建筑材料，为满足某种建筑功能需要而再复合或组合所制成的材料，也属于新型建筑材料。随着我国经济结构调整和经济增长进入新常态，我国经济发展的模式从粗放型向集约型转变。与此同时，以满足绿色、环保和可持续发展战略要求并且顺应建筑工业化生产、装配化施工发展趋势的新型建筑材料应运而生。2018 年 11 月 26 日，水泥基材料制造、新型墙体材料制造、新型建筑防水材料制造、隔热隔音材料制造、轻质建筑材料制造五个新型建筑材料制造作为新材料产业子类，列入国家统计局《战略性新兴产业分类 2018》，"绿色节能建筑材料制造"列为"节能环保产业"一个子类，这说明新型建筑材料产业符合国家战略新兴产业发展要求，由于有国家产业政策的鼓励和扶持，新型建筑材料必将更加迅猛发展。

本书是以研究节能、节水、节材、利废的新型绿色生态建筑材料为主线、秉承"绿水青山就是金山银山"的理念并且结合作者已有的研究成果编写而成。

本书共九章，各章节的基本内容如下：

第一章介绍了本书的研究背景、研究意义、研究目的和主要内容。本书基于建筑产业发展要求，利用材料过程工程学原理，通过对传统建筑材料的组成和工艺进行集成优化，通过新材料、新技术的合理运用，提高现有建筑材料的工作性能。本书从源头上研究资源浪费、能源损耗和环境污染等问题的解决办法，顺应绿色建筑材料的发展趋势，符合可持续发展战略的要求。

第二章简要回顾了钢管混凝土的发展历史、国内外研究现状、国内外工程应用状况。介绍了钢管混凝土的结构特点、原材料和配合比设计要求。研究了钢管混凝土组合柱轴心受压时的基本性能。分析了钢管含钢率、套箍指标、箍筋体积配箍率等因素对组合柱强度和延性的影响。提出了钢管混凝土组合柱简化计算公式。

第三章介绍了活性粉末混凝土的发展历程、性能特点。简要讲述了活性粉末混凝土的国内外研究现状、工程应用情况和应用前景。重点介绍了活性粉末混凝土的制备原理和配合比设计要求。

第四章提出了一种新型的绿色混凝土施工技术——滤水混凝土，该技术将电渗技术和滤水混凝土施工技术相结合，提高了滤水速度，有利于混凝土的强度和耐久性。推导了一维电渗滤水方程，提出了电渗滤水混凝土配合比设计方法。研究分析了水灰比、水泥用量、粉煤灰掺量等多种因素对滤水混凝土的流动性和滤水性的影响。

第五章将电渗技术和滤水混凝土施工技术相结合，介绍了利用水泥水化产生的双电层导电性能解决了混凝土工程中施工要求的大水灰比与使用性能要求的小水灰比之间的矛盾问题。研究分析了电渗滤水混凝土的主要影响因素，发现水灰比和电场强度是影响电渗滤水的主要因素。电渗滤水混凝土技术简便高效、经济环保，是一种具有广泛应用推广价值的绿色混凝土施工技术。

第六章介绍模网和钢管混凝土结构有机结合而形成的一种新型组合结构——模网钢管混凝土结构。由于模网的渗滤效应排出混凝土中的多余水分、带走气泡，使混凝土更加密实，强度提高；由于模网的约束作用，解决了钢管混凝土组合柱由于保护层过早破坏而导致承载力下降的问题。通过添加MgO膨胀剂，利用钢管的约束产生自应力，提高了组合柱的强度和变形能力，并且使混凝土更加密实，有利于解决钢管混凝土结构脱粘问题。

第七章通过实验研究了模网钢管混凝土组合柱在轴心压力作用下的力学性能。分析了组合柱的受力特点和机理。实验结果表明，模网钢管混凝土组合结构具有卓越的工作性能、良好的强度和变形能力，是一种具有广阔发展前景的新型混凝土组合结构。

第八章研究通过添加 MgO 膨胀剂，利用 MgO 膨胀产生的自应力成功解决钢管混凝土结构普遍存在的脱粘问题。实验表明，由于 MgO 具有延迟膨胀的特性，因而能够确保自应力钢管混凝土承载力长期稳定；由于 MgO 膨胀剂在钢管约束下能够产生较高的自应力，大幅提高了组合柱的承载力，延缓了弹塑性阶段核心混凝土裂缝的扩展，提高了核心混凝土的切线模量；由于 MgO 自生体积膨胀引起的钢管对核心混凝土的紧箍作用使核心混凝土内部更为致密。提出了考虑初始自应力影响的钢管自应力混凝土轴压柱承载力计算方法。

第九章研究了脱硫灰制备胶凝材料的性能。以脱硫灰和水玻璃为主要原料，制备出一种具有较高活性的胶凝材料。探讨了水玻璃用量、水胶比、水玻璃模数、养护时间等因素对胶凝材料力学性能的影响。采用 X 射线衍射分析（XRD）、扫描电镜观察（SEM）等测试手段，研究了样品微观结构与性能的关系。研究结果表明，产物主要为无定形的硅铝酸盐。

本书的出版得到集美大学学科建设经费、福建省自然科学基金项目（2016J01242）、福建省教育厅项目（JA10199）的资助，在此深表谢意。

由于作者水平有限，加以成书时间仓促，疏漏之处在所难免，恳请广大读者批评指正。

迟耀辉

2019 年 1 月

目　　录

第一章 绪 论

随着我国社会经济的迅猛发展和人民生活水平的不断提高，建筑业日益蓬勃发展。由于我国资源、能源有限，建筑业必须坚持走节能、节地、节水，充分利用各种废弃物，保护生态环境，贯彻可持续发展战略之路。为适应这一发展趋势要求，作为一切建筑活动的物质基础，建筑材料渐渐向各种节能利废、绿色环保的新型建筑材料演变。因而，加强对新型建筑材料的开发与研究十分必要。

钢管混凝土结构将钢和混凝土的优点有机结合，由于具有良好的强度和延性、抗震性能良好、施工快速等优点，因而在桥梁、高层建筑得以广泛应用。

但是钢管混凝土结构存在着以下缺点：在钢管混凝土施工过程中，存在大量的能源、资源浪费和环境污染现象；需要额外防火、防锈，维护费用高；钢管混凝土结构节点连接不便；由于脱粘，使钢管对混凝土的紧箍作用不能够充分发挥。因而，钢管混凝土结构有待进一步完善和发展。

本书尝试通过材料过程工程学原理来解决上述问题。通过对钢管混凝土结构施工过程及其诸要素的优化组合，改变施工过程的资源流、能源流，提高钢管混凝土的工作性能，满足节省资源、能源、保护环境和符合可持续发展战略要求。

通过将电渗技术引入到混凝土施工过程，成功解决了混凝土大水灰比施工、小水灰比固化的矛盾；由于不添加任何化学外加剂，因而解决了由化学外加剂引起的浪费能源、资源、污染环境的问题。通过大量添加工业废弃物粉煤灰，实现了资源的再利用。

研究利用燃煤电厂、钢铁工厂生产的固体废弃物——脱硫灰制备满足节能减排要求的新型建筑材料，实现脱硫副产物的资源再利用，节约资源和能源，降低产品的成本，并提高产品的社会效益。

1.1 研究背景

1.1.1 社会背景

伴随国民经济的蓬勃发展和城市化的进程不断深入，建筑业得以迅猛发展。但是目前我国建筑业仍然是一种劳动密集型产业，普遍存在劳动生产率低下，施工工艺落后，污染环境，能源、资源浪费严重等问题。突出表现为"四低两高"。"四低"：工业化水平低、成套技术集成度低、劳动生产率低和综合质量低；"两高"：资源消耗高和生产污染高。

建筑业作为国民经济的支柱产业，这种粗放型的生产方式已不能适应可持续发展的战略要求。发展建筑工业化、住宅产业化已成为我国的产业政策。推进住宅产业现代化，坚持走新型工业化道路，是走可持续发展战略的具体体现。

我国是一个人口众多、能源资源相对缺乏的国家。我国自然资源总量排在世界第七位，能源资源总量约四万亿吨标准煤，居世界第三位，但是我国人均能源占有量仅为世界平均水平的40%，能源消费总量却已达世界第二。2016年，中国建筑能源消费总量为8.99亿吨标准煤，占全国能源消费总量的20.6%；建筑碳排放总量为19.6亿吨，占全国能源碳排放总量的19.4%。目前我国面临着既要大力发展经济，又要保持好生态环境的艰巨任务，经济社会发展与人口、资源、环境的矛盾日显严峻，因而决定了我国必须坚持走节约能源的可持续发展的道路。

建筑能耗在我国总能耗中所占的比例很大，建筑直接、间接消耗的能源占全社会总能耗的46.7%，用水占城市用水47%，因而建筑节能尤为必要。建筑节能是提高建筑舒适度的基础，也是可持续发展的迫切要求，是产业化工作的重点。

中央经济工作会议确定了要在住宅建设中贯彻节能、节地、节水、节材的方针。建设部建科〔2005〕78号文件《关于发展节能省地型住宅和公共建筑的指导意见》指出：资源、能源和环境问题已成为我国城镇发展的重要制约因素。发展节能、省地型住宅和公共建筑、搞好建筑节能、节地、节水、节材（"四节"）是落实科学发展观、调整经济结构、转变经济增长方式的重要内容，是建设节约型社会和节约型城镇的重要举措。文件提出以下目标：

到 2010 年，全国城镇新建建筑实现节能 50%，既有建筑节能大城市完成改造面积 25%，中等城市 15%，小城市 10%。新建筑对不可再生资源的总消耗比现在下降 10%。

到 2020 年，北方和沿海经济发达地区和特大城市新建建筑实现节能 65% 目标，绝大部分既有建筑完成节能改造。争取建筑建造和使用过程的节水率比 2010 年再提高 10%，新建建筑不可再生资源的总消耗比 2010 年再下降 20%。到 2020 年，我国住宅和公共建筑建造和使用能源资源消耗水平将明显降低，接近或达到现阶段中等发达国家的水平。

目前，我国大约 50% 的城市建设是住宅，由于经济方面制约，仍有一些小城市和农村住宅采用烧结普通砖作为墙体材料。但烧结普通砖生产大量毁坏耕地、严重污染环境、浪费能源；施工采用人海式作业，现场杂乱，工程质量难以保障；结构整体性、抗震性差；建筑节能实施困难等。为此，国务院〔1999〕72 号文件《关于推进住宅产业现代化提高住宅质量的若干意见》规定，"从 2000 年 6 月 1 日起，沿海城市和人均占有耕地面积不足 0.8 亩的大中城市逐步限时禁止使用实心黏土砖，限时截止期限为 2003 年 6 月 30 日；同时到 2005 年，城镇新建采暖住宅要在 1981 年住宅能耗水平基础上达到降低能耗 50%"。根据国家《建筑节能"九五"计划和 2010 年规划》的规定，1988 年实施了节能 30% 的设计标准；1998 年又实施了第二步的节能 50% 的设计标准。依照目前技术发展的趋势预测，我国第三个节能标准（即到 2010 年，开始实施节能 65% 的设计标准）已经进入实施阶段。为此，取代以黏土砖为主要墙体材料，开创新型住宅结构体系及其墙体材料具有现实意义。

为此，我们要提高对资源的有效利用，通过对建筑结构的创新，努力开发建筑结构的新技术、新材料，尽可能使用可再生资源和能源，充分利用粉煤灰等工业废弃物，做到资源的回收再利用，有效减少废弃物的排放及环境污染问题；采用新型结构体系对资源再生利用具有重要作用，符合我国可持续发展的原则，有利于实现减量化、无害化、资源化。

通过推广应用新型结构体系，能够提高建筑业整体施工水平，提高工程质量，走出一条科技含量高、经济效益好、资源消耗低、环境污染少的新型建筑工业化的道路。

建筑工业化是我国建筑业发展的必由之路。建筑工业化的前提是具备与之相配套的新技术、新材料、新体系。采用新型结构体系，是实现建筑工业化的重要举措，符合我国新型工业化的发展方向，是实现建筑业现代化的一个十分重要的切入点，有利于提高工程质量、提升建筑业和房地产业的整体技术水平。通过建立新型结构体系，实现工业化生产、现场组装、尽量减少和避免现场湿作业；实现单一建筑材料向复合材料方向发展，单一建筑结构形式向组合结构方向发展。2016 年 3 月 5 日，国务院总理李克强在政府工作报告中明确指出，要积极推广绿色建筑和建材，大力发展钢结构和装配式建筑，提高建筑工程标准和质量，为我国建筑材料绿色化和建筑产业工业化发展指明了方向。

1.1.2 学科发展背景

钢管混凝土是钢材和混凝土的有机组合，二者相互作用协同互补，使其具有一系列优越的性能。混凝土和钢材是构成现代建筑结构的两种最大宗和最重要的建筑材料。这两种材料本身性能的不断改善以及两者之间相互组合方式的变化发展，促进了钢管混凝土的不断进步。对建筑材料的学科发展进行深入研究，可以为新型建筑材料的开发和研制提供理论基础，对钢管混凝土等新型建筑材料的健康、协调、可持续发展具有重大的促进作用。

材料是直接或间接利用自然资源来制造成有用物件的物质，是人类社会文明进步的物质基础和先导。但是，传统材料资源和能源的消耗很大，污染严重。从世界范围看，当代建筑活动消耗的能源占总能源的 50%，占自然资源量的 40%，同时成为最主要的污染源。大约有一半的温室效应气体来自和建筑材料的生产运输、建筑的建造以及建筑运行管理有关的能源消耗。建筑造成的垃圾占人类活动垃圾总量的 40%。资源、能源、环保日益成为世界性的三大难题，已引起人们广泛关注。为适应建筑材料可持续发展的要求，利废、节能、环保的新型建筑材料层出不穷。与之相适应，材料科学研究也从材料学向环境材料学阶段和生态环境材料学阶段转变，并逐渐向材料过程工程学阶段发展。

1. 材料学简介

材料学是研究材料的科学。在材料发展的过程中，材料理论的不断发展形成了材料科学，而对材料生产技术的发展，形成了材料工程。材料科学与工程是关于材料的组成、结构、制备工艺与其性能及使用过程间相互关系的知识开发及应用的科学。材料科学和材料工程一起，构成了完备的材料学体系。一方面，材料科学的核心是研究材料的组织、结构与性能之间的关系；另一方面，由于材料也是面向实际为经济服务，因此材料学也是一门应用科学。材料工程是研究材料在制备、处理加工过程中的工艺和各种工程问题。

材料的组成与结构、合成与生产过程、性质或性能和使用性能或效用，被称为材料科学与工程的四要素。材料学侧重于显微结构层次，即在相结构、组织结构乃至宏观结构层次上研究上述四种因素之间的关系及制约规律。在此层次上探讨材料的结构描述、性质表征等科学问题，真实地再现材料的结构、性质和使用性能之间的相互关系。在充分认识材料成分、组织结构的基础上，合理利用和发掘材料的固有性能，开发新技术、新工艺，从而获得优良的材料使用性能。

传统材料学只注重材料的研究、开发、生产，且过多地追求良好的使用性能，是种"从摇篮到坟墓"的过程，并且还过多强调环境对材料的影响，忽视了材料对生态环境与社会发展的影响。长期以来，材料的"生产——使用——废弃"过程，可以说是一个提取资源，再大量地将废弃物排回到环境之中的恶性循环过程。在这一过程中，人们在材料设计时很少注意到自然资源和生态环境对此恶性循环的承受能力，因而造成资源枯竭、环境恶化等严重问题，逐渐让人类意识到材料的使用不能仅仅考虑其功能性目的。在这种背景下，材料科学工作者从资源和环境的角度，重新认识材料在社会发展中的作用和意义，以及材料在生产和使用过程中给环境带来的问题，提出了"环境材料"的概念。20世纪90年代初，世界各国的材料科学工作者开始在提高材料使用性能的基础上，重视其环境性能，从而在环境和材料两大学科之间开创了环境材料。1990年，日本山本良一教授从环境改善角度出发，提出了"环境材料"（ecomaterials）的概念，指出环境材料应具有先进性、舒适性和环境协调性。1994年，丁培道等提出了"环境材料学"的概念，在"环境材料"概念的基础上，从学科发展和教育的角度着眼，在材料的四大传统要素，即成分、结构、工艺和性能的基础上，加上材料的环境因素指标，将环境意识引入材料科学与材料工程学中，于是就产生了环境材料学（ecomaterlogy）。

2. 环境材料学简介

材料作为经济发展的基础与先导，极大地发展了社会生产力，有力地推动了人类文明的进程。然而，从资源、能源和环境角度分析，材料的提取、生产、使用与废弃过程又是一个不断消耗和破坏人类赖以生存空间的过程，给人类的可持续发展带来了严重的障碍，主要在以下几个方面产生严重的危害：

1）生态环境

在材料的"生产—使用—废弃"生命周期中，直接或间接地导致了各种环境问题。以水泥为例，由于需要开采黏土，导致农田被毁，山林植被破坏，造成了严重的水土流失；水泥的包装纸袋，一年消耗掉木材相当于两个半大兴安岭的采伐量，导致森林面积严重减少；建材行业每年约排放 CO_2 6.3 亿吨，是导致温室效应的主要原因之一；每年排放 SO_3 86 万吨，约占全国 SO_3 排放量 3.5%。SO_3 是产生酸雨的前驱物，我国每年由于酸雨造成经济损失多达 1100 万元。

2）资源与能源

材料及其制品制造业大量耗费能源和自然资源，是造成能源短缺、资源枯竭的重要原因之一。我国国内生产总值占世界总量的 4% 左右，但却消耗全球 31% 的煤、30% 的钢铁、40% 的水泥；消耗全球的 1/3 能源。根据《2000年地球生态报告》："人类若依照目前的速度继续消耗地球资源，那么地球所有的自然资源会在 2075 年前耗尽。"

由于资源、能源、环境等问题日益严峻，环境材料及与之相关的材料环境协调性评价的研究，日益成为国内外材料科学技术工作者和各国政府的研究焦点。

环境材料（ecomaterials）可以定义为，同时具有满意的使用性能和优良的环境协调性，或者能够改善环境的材料。环境协调性，是指材料在全寿命过程中对资源和能源消耗少，对环境污染小和可循环再生利用或可降解化高的特性，或者说材料在从制造、使用、废弃到再生过程中，具有与环境协调共存性。环境材料具有三个明显的特征：一是具有良好的使用性能，二是资源容易回收和循环再利用，三是对生态环境无副作用或对环境影响甚小。环境材料是近年新提出的一种材料体系，但它并不全是高新技术材料，也包括经过改造而具有良好的环境协调性的传统结构材料和功能材料。

环境材料学是一门研究材料的生产与开发同环境之间相互适应和相互协调的科学。它的研究目的是寻找在加工、制造、使用和再生过程中具有最低环境负担的人类所需材料，以满足人类生存与发展的需要。环境材料学的核心在于研究材料的环境性、功能性、经济性的内在关系，这三者的关系构成材料三角形。

环境材料学的研究内容主要有：

基础研究：研究材料开发、使用、废弃和再生过程中与生态环境系统的相互联系、相互制约的关系。

应用研究：研究如何使材料的环境负荷达到最低的材料加工工程学和改进加工工艺技术基础。

评价研究：研究材料开发、应用、废弃和再生过程产生的环境负荷，以及材料环境负荷的评价体系、评价方法和评价标准等相关内容。环境材料学强调材料从生产到应用各个环节对环境影响评价。强调材料必须具备与生态环境的协调共存性以及舒适性。强调绿色建材，即对材料的环境协调性、经济性、功能性三方面进行标准指标的定量化。

当前，对环境材料进行定量化评价的方法为材料生命周期评价方法（material life cycle assessment，MLCA）。这一评价方法思想起源于 20 世纪 60 年代化学工程中应用的"物质-能量流平衡方法"，利用能量守恒和物质不灭定律，对产品生产和使用过程中的物质或能量的使用和消耗进行计算，以考察工艺过程的各个环节，即从原料的提取、制造、运输与分发、使用、循环再利用，直至废弃的整个过程对环境的综合影响。

生命周期评价目前还存在着以下几方面局限性：

（1）只考虑环境因素，而忽略技术经济方面。MLCA 方法诞生本身是为环境服务的，即它只考虑了产品对生态环境、资源消耗等方面的问题，对于技术、经济或社会效果方面等方面的因素考虑较少。

（2）主观因素影响，即主观性的选择、假设和价值判断，如系统边界设定、数据来源选择、环境种类选择、计算方法选择以及评价过程等。

（3）评价方法量化问题，缺少普遍适用原则和方法，每一步既依赖于 MLCA 的标准，又依赖于实施者对 MLCA 的理解认识甚至经验和习惯。

环境材料学是材料学与生态学相结合的产物，是种"从摇篮到再生"的过程，它与材料科学相比，有了很大进步，但也只能停留在材料环境协调性评价以及材料与产品的环境协调性设计上。由于环境材料学的评价体系只考虑环境因素，而忽略技术经济方面，没有从建筑材料生命全过程控制解决材料的功能与环境和生态的适应性问题，还不能适应建筑业可持续发展战略的要求。而材料过程工程学则通过运用材料学、系统工程学和生态学有关原理，对材料由原生到被废弃的生命全过程进行集成优化，以实现低能耗、少污染和充分利用可再生资源。为适应洁净化生产的需要、满足可持续发展的要求，迫切需要加强对材料过程工程的研究。

1.1.3　材料过程工程学

1. 过程工程学简介

工业的发展与进步对提高人类生活质量起着十分巨大的作用，但同时也带来许多人类难以解决的问题，如工业生产带来的污染，即使投入大量的人力、物力，也常常难以得到很好的解决。过程工业是国民经济的支柱产业，是国民经济物质生产的基础。但目前我国过程工业的现状令人担忧，过程工业造成了严重的环境污染和资源浪费问题。据估计，美国有约 75% 的固体废物来自过程工业。进行污染防治，实现清洁生产，已成为过程工程所涉及的各行业得以持续发展的迫切任务。

从生产方式以及生产时物质所经受的主要变化来分类，工业可以分为过程工业（process industry）与产品工业（product industry）两大类。有学者将工厂分为物流型工厂（flow shop）与工件型工厂（job shop）两大类，将工业分为流程工业和离散工业，其实也就是过程工业和产品工业。

科学技术发展史表明，对每一个历史时期的社会、经济发展具有深远影响，对生产力的发展起带动作用的，主要是当时的能源、材料和制造技术。在这三大类技术中，有相当大一批属于过程技术，又称化学加工技术，即通过一系列物理化学分离和化学反应（包括催化、电化与生化反应）改变原料的状态、微观结构和化学组成的加工技术。以过程技术为基础建立的工业部门，统称为过程工业（化学加工工业）。

随着科学技术和国民经济的持续发展，我国越来越进入过程工业时代。由于过程工业造成大量环境污染和资源浪费，过程工程学日益引起人们的重视。过程工程学的深入研究对发展新过程工业，改进已有过程工业使其不产生污染、符合可持续发展的基本原则具有十分重要的意义。

过程工程学是研究过程工程的学说。过程工程学基于对过程工程共性规律的研究、对现有过程的优化和新过程技术的应用，形成最佳的系统集成，以提高效率、缩短工艺流程、减少废物的产生，创造竞争力、满足可持续发展和循环经济的要求。

过程工程学的产生是科学发展到一定阶段的产物，也是人类对环境破坏反思的结果。面对日益恶化的生存环境，传统的"先污染后治理"的治污方案往往难以奏效。因为，这不仅浪费了大量的资源和能源，而且在解决一个问题的同时又会带来新的问题。过程工程学的产生就是为了在源头上解决上述问题，适应工程工业符合循环经济、满足可持续发展要求。

过程工程学来源于工业实践中。理论基础和科技手段日趋完备，为过程工程学产生准备了前提和基础。

"三传一反"是过程工程学的理论基础，也是过程工程学最核心的内容。过程科学直接脱胎于"三传一反"的化工原理。化学工业是过程工业中的一个重要分支，也是诸多过程工业中最早建立理论体系的。到20世纪50年代，在单元操作的基础上，开始从动量、热量、质量的传递（三传）角度研究化学工业中的物理变化过程。同期"化学反应工程学"（一反）开始出现，用以研究化工过程中带有化学反应时的变化过程，使得化学工程学成为更为全面的一门工程科学，简称为"三传一反"。"三传一反"的研究对象包括流动、传递、反应、分离等基本内容。"三传"是指动量、热量、质量的传递，动量的传递是所有流动过程的物理基础，包括管道中流体的输运、精馏塔板上液体和蒸汽的两相流动等。质量的传递是所有传质分离过程的物理基础，例如精馏、吸收、萃取中分子通过汽液界面的运动；能量的传递是所有传热、换热过程的物理基础，包括加热、冷却、热交换等。一反是指过程中的化学反应。近年来，随着生物化工的兴起，有人主张应当考虑过程中信息的传递对过程的影响，将"三传一反"扩展为"四传一反"。"三传一反"或"四传一反"是化学工程学的理论基础，同时也是其他过程工业部门的理论基础，这直接导致了过程科学的兴起。过程科学的产生，将对过程工业的有效支撑起到积极的作用，有助于从众多工程科学中寻找到相似的过程共性，然后更加全面系统地指导其在过程工业中的应用。

近20多年来由于计算技术及其他相关学科和技术的发展，计算过程工程学也得到高速发展，如计算多相流动及反应过程的分析模拟优化及集成等。这些都使得过程工程学得到更为迅速的发展。

2. 材料过程工程学简介

随着科学技术和国民经济的持续发展，我国越来越进入过程工业时代。由于过程工业造成大量环境污染和资源浪费，过程工程学日益引起人们的重视。作为过程工业的材料工业存在着工艺落后、能耗高、环境污染和资源浪费严重现象，为适应洁净化生产的需要、满足可持续发展的要求，迫切需要加强对材料过程工程的研究。

1）材料过程工程学基本概念

材料过程工程学是过程工程学在材料工程的具体应用。同时，材料过程工程学也是对过程工程学的补充和拓展。

材料与生物一样，都有它的生命周期，其本质是一个物质与能量积累和传递的过程。如何能做到这一过程的低能耗、少污染，并能充分减量化利用资源，是这一过程设计的关键所在。为解决此一问题，大连理工大学王立久教授结合材料学、系统工程学和生态学，首先提出了"材料过程工程学"（material process engineering）的概念，并进一步形成材料过程工程学理论。

材料过程工程学是基于材料学、环境材料学、过程工程学、系统工程学和生态学等相关理论，对材料由原生到被废弃的生命全过程进行优化或集成，以实现其对自然环境消耗低、污染少和充分利用可再生资源的工艺和各种工程问题进行研究的科学。

材料过程工程学研究通过对过程的优化，集成实现材料生产过程中资源与能源的使用最优化，以提高效率、缩短工艺流程、创造竞争力；使资源更能经济合理地综合利用；减少废物的产生，实现对环境保护的可持续发展。

材料的整个生命周期过程包括原料开采、多次加工、设计、使用、废弃，然后再次回到地球这样一个大循环，而材料过程工程学的研究则涵盖了上述的所有的过程。在这一过程中，地球是所有材料来源和最终归宿。大循环开始于地球，历经开采—加工—使用—废弃，又回到地球，整个过程是地球—材料—地球。材料从生到死的整个生命过程是一封闭系统，而只有在不同循环的环节点才被赋予了应有的价值，并经历了一个增值，再增值，直到再次被废弃的过程。但这一过程也伴随着能耗和资源的消耗，同时也对自然环境造成污染和破坏。材料过程工程学涵盖了宏观过程或称系统过程、若干子过程或称单元过程和若干逆过程。而这些过程工程是通过若干驻点的连接形成"过程链"或称"循环链"。每个驻点就是一类产品。每个驻点之间都是一个子过程或单元过程，也可能是一个逆过程。多个单元过程的集合就是宏观过程。单元过程由单元元素组成。单元过程就像一条"管线"，从"上游"（upstream）过程中得到输入，并向"下游"（downstream）过程产生输出。单元之间通过中间产品流或待处理的废物相联系，与其他产品系统之间通过产品流相联系，与环境之间通过基本流相联系。驻点由驻点要素组成，如人居环境的驻点要素就是人居环境要素。以不同原材料取不同"过程"将获得不同"产品"，即使同类产品也会因不同过程对环境有不同的"效果"。材料过程工程学研究重新审视以往的"过程"，以期在充分且减量化利用资源基础上做到"零污染""零排放"和"少能耗"。

2）材料过程工程学基本原理

材料过程工程学的核心原理是基于质量守恒定律和热力学第一定律的"三流一评"。三流，是指贯穿于材料的生命过程中的资源流（自然物资资源、行为资源如物流或车流等）、能源流（机械能、电能、热能和生物能）和价值流（增值或功能改变）的传递；一评，是指对材料的生命过程进行环境协调和经济技术评价。

（1）资源流。

资源流动是一切单元过程的物理基础，即每一单元过程中，从上游物质输入到下游物质输出过程中物质在化学过程中的性质变化及在时间和空间上的物理变化，如物理过程中原材料的简单加工过程、化学反应中的传质分流过程等。资源流主要研究资源流动变化过程中的规律以及资源与环境、经济、社会相互作用的内在机理，为资源高效利用提供科学依据。

中国科学院地理科学与资源研究所成升魁研究员是国内较早研究资源流

11

的专家，他认为，"资源流是指资源在人类活动作用下，在产业、消费链条或不同区域之间所产生的运动、转移和转化。它既包括资源在不同地理空间资源势的作用下发生的空间位移（所谓横向流动），也包括资源在原态、加工、消费、废弃这一链环运动过程中形态、功能、价值的转化过程（所谓纵向流动）"。资源"纵向流动"反映了资源在原态、加工、消费、废弃这一系列过程中形态、功能、价值的转移和变化，不仅关注资源形态的变化过程，更为关注资源系统中的资源利用效率，包括物质循环效率、能量转化效率和经济效率。资源"纵向流动"的深入研究，有助于分析资源要素之间的关系，评价资源系统的运转效率，进而为以该资源为链条涉及的不同部门的高效发展提供依据。

目前，资源流研究所用的方法主要有投入产出分析、物质流分析、工业代谢、生命周期评价等。

（2）能源流。

伴随着资源流过程中的物质流动，能量也在发生流动，其流动规律遵循热力学第一、第二定律。材料过程工程中，能源流既包括化学工艺中传热、换热等过程，也包括材料科学中简单的物理加工工艺中因能量转化而对能源的利用和消耗。

在能源流动中不断有能源损耗，除部分热损耗是由辐射传输外，其余的能量都是由物质携带的，能源流的特点体现在物质流中。能源流具有单向性，不能构成循环。能源流的特性在于其流动过程中的降阶和不可再生性。针对此特性，如何提高能源利用的效率，是能源流的研究重点。

（3）价值流。

材料历经开采—加工—使用—废弃，又回到地球的过程，也是一个材料增值，再增值，直到再次被废弃的过程，整个生命周期过程伴随着价值的流动。

价值流是资源流动过程的表现，也可以看成计量形式的体现。在资源流动过程中，潜在使用价值与实际使用价值交替转化而形成价值流，在流动进程中价值不断增加。资源流动中价值增加的直接原因是人类劳动的投入，其间接原因是社会需求、供需区域差异等。伴随着价值的增值，可以通过价值规律来调节资源在不同空间位置、不同产业组群、不同消费链之间的正常运行。

（4）评价体系。

在材料的生命周期过程中，材料的资源流、能量流、价值流与其周围的环境系统或生态系统紧密相关。这一过程既伴随着材料增值，也伴随着能耗和资源的消耗，同时还对自然环境造成污染和破坏。材料过程工程学的研究目的在于对材料由原生到被废弃的生命全过程进行集成优化，通过对材料生命周期全过程的综合评价，来实现对自然环境低能耗、少污染并能充分减量化利用资源。当前，最常用的环境评价体系为生命周期评价（LCA）方法。

生命周期分析的概念可以认为是一个产品或工艺的生命阶段的输入（能源、材料等）和输出（能源、废弃物、产品等）的评价。这个周期开始于产品和工艺的概念阶段（设计），终止于产品的回收和废弃过程，是一个"从摇篮到坟墓"的分析过程。

生命周期评价方法思想起源于 20 世纪 60 年代化学工程中应用的"物质-能量流平衡方法"，其基本理论依据是，利用能量守恒和物质不灭定律，对产品生产和使用过程中的物质或能量的使用和消耗进行计算。20 世纪 80 年代从事环境研究的学者发展了这一方法，把"物质-能量流平衡方法"引入到工业产品整个生命周期分析中，对工艺过程中的各个细节，即从原料的提取、制造、运输与分发、使用、循环再利用的各个环节进行综合考虑，以考察其总体对环境的影响程度。

3）与材料学、环境材料学区别

材料过程工程学以材料学、环境材料学为理论基础，但并不是材料学、环境材料学的简单集合。材料过程工程学与材料学和环境材料学的不同，就在于它结合材料学、生态学、系统工程学，将材料生命周期看做是一个系统，也就是用系统工程的观点审视材料整个生命过程。通过将多种单元过程进行优化重组，形成开拓材料新的生命周期，并在过程中将废物转化为资源。它是一个"从再生再到再生"的过程，以实现对人居环境的零污染的循环过程，甚至循环经济的要求。

材料学的核心是研究材料的组织、结构与性能之间的关系。传统材料学只注重材料的研究、开发、生产，且过多地追求良好的使用性能，涉及"从摇篮到坟墓"的过程，并且还过多强调环境对材料的影响，忽视了材料对环境的影响，造成了资源枯竭、环境恶化等严重问题。传统工业对污染物是后处理，或称末端处理，这种先污染后治理的治污方式不仅浪费了大量的资源和能源，而且在解决污染的同时又会产生新的污染，因而不能适应可持续发展战略要求。

环境材料学强调材料从生产到应用各个环节对环境影响评价；强调材料必须具备与生态环境的协调共存性以及舒适性；强调使用在原材料采取、产品制造、使用或者再循环以及废料处理等环节中，对地球环境负荷最小和有利于人类健康的绿色建材。环境材料学通过对材料的环境协调性、经济性、功能性三方面进行标准指标的定量化，寻求材料的环境性、功能性、经济性的平衡，力求在材料高的性能价格比与高的性能环境负荷比之间取得平衡。

环境材料学是材料学与生态学相结合的产物，它比材料科学有了很大进步，但也只能停留在材料环境协调性评价以及材料与产品的环境协调性设计上。环境材料学的评价体系只考虑环境因素，而忽略技术经济方面，没有从建筑材料生命全过程控制解决材料的功能与环境和生态的适应性问题，还不能适应建筑业可持续发展战略的要求。而材料过程工程学通过运用材料学、系统工程学和生态学有关原理，对材料由原生到被废弃的生命全过程进行集成优化，以实现低能耗、少污染和充分利用可再生资源。为适应洁净化生产的需要、满足可持续发展的要求，迫切需要加强对材料过程工程的研究。

作为当前对环境材料进行定量化评价的主要方法——材料生命周期评价方法，存在着以下几方面局限性：过于考虑环境因素，而忽略技术经济方面因素；存在主观因素影响，即主观性的选择、假设和价值判断；存在时间和地域上的限制，大多数的材料生命周期评价只是考虑生命周期的一部分，且局限在某些特定的系统边界中达到某一特定目的。

4）材料过程工程学研究意义

材料过程工程学以材料学、环境材料学、生态学、系统工程学为依据，以符合洁净化生产、环境经济要求为目标。材料过程工程学来源于材料工程实践，反过来可以用来指导材料工业具体实践工作。材料过程工程学可以通过各种材料过程，发现其本质规律、探求其发展趋势，不仅仅利用归纳、综合，而且利用分析、演绎、推理，从总体上掌握材料工业发展方向。利用材料过程工程学原理，从材料过程工程学观点出发，全面考虑从地球获得原材料→工艺加工→产品→应用→废弃→地球的材料生命全过程，通过这一过程中任意单元过程或驻点的改变，生产新的材料；通过对原材料和工艺过程的组合优化，并对材料循环全过程进行资源流、能源流、价值流分析和综合评价，提高材料的性能，从而从源头削减污染，提高资源利用率，减少或者避免生产服务和产品使用过程中污染物的产生和排放，以减轻或者消除对人类健康和环境的危害，实现材料工业的可持续发展。

1.2 研究意义和目的

1.2.1 研究意义

改革开放以来，我国的建筑事业取得蓬勃发展。高层建筑、大跨度桥梁、大型场馆层出不穷。钢管混凝土结构因为能够适应现代工程结构向大跨、高耸、重载发展的需要，且能满足现代化的施工要求，应用日益增多，取得了突飞猛进的进展。为适应钢管混凝土结构的快速发展，对钢管混凝土从材料组成、施工工艺和理论分析等各方面进行深入研究，显得十分必要。

当前，我国建筑业仍然是一种劳动密集型产业，普遍存在劳动生产率低下，施工工艺落后，污染环境，能源、资源浪费严重等问题。建筑业这种粗放型的生产方式已不能适应可持续发展的战略要求，迫切需要通过新工艺、新材料、新体系向技术密集型产业转化。

与建筑业发展相适应，建筑材料的学科发展经历了材料学、环境材料学阶段和生态环境材料学阶段。

传统材料学只注重材料的研究、开发、生产，且过多地追求良好的使用性能，并且还过多强调环境对材料的影响，忽视了材料对环境的影响，造成了资源枯竭、环境恶化等严重问题，逐渐让人类意识到建筑材料的使用不能仅仅考虑其功能性目的。于是，研究材料的生产与开发同环境之间相互适应和相互协调的环境材料学应运而生。20世纪末期，材料科学工作者借鉴生态循环系统物质内部循环特点，进一步提出了"生态环境材料"的概念。环境材料学是材料学与生态学相结合的产物，它比材料科学有了很大进步，但也只能停留在材料环境协调性评价以及材料与产品的环境协调性设计上。环境材料学的评价体系只考虑环境因素，而忽略技术经济方面，没有从建筑材料生命全过程控制解决材料的功能与环境和生态的适应性问题，还不能适应建筑业可持续发展战略的要求。而建筑材料过程工程学通过运用材料学、系统工程学和生态学有关原理，对材料由原生到被废弃的生命全过程进行集成优化，以实现低能耗、少污染和充分利用可再生资源，是最能适应当前建筑产业发展的学科。

本书基于建筑产业发展要求，利用材料过程工程学原理对钢管混凝土的组成和工艺进行集成优化，通过新材料、新技术的合理运用，从源头上解决资源浪费、能源损耗和环境污染等问题，因而具有重大的理论和应用价值。

1.2.2 研究目的

钢管混凝土结构将钢和混凝土的优点有机结合，由于具有良好的强度和延性、施工快速等优点，因而在桥梁、高层建筑得以广泛应用。

但是钢管混凝土结构存在着以下缺点：钢管混凝土是高流态、自密实混凝土，在钢管混凝土施工过程中，通常添加化学外加剂，由此产生能源、资源浪费和环境污染，甚至提高造价等问题；需要额外防火，防锈，维护费用高；钢管混凝土结构节点连接不便；钢管混凝土是一密闭结构，不利于施工质量检测；由于脱粘，使钢管对混凝土的紧箍作用不能够充分发挥，易留下安全隐患。

综上所述，钢管混凝土结构有待进一步完善和发展。

本研究为满足节省资源、能源和保护环境要求、符合可持续发展战略需要，将材料过程工程学原理运用于钢管混凝土结构中。通过对钢管混凝土的组成和工艺进行集成优化，形成一种具有优越性能的新型钢管混凝土组合形式，实现资源、能源的充分、合理利用，提高钢管混凝土的性能，解决传统钢管混凝土的脱粘、维护费用高、节点连接不便等问题。

1.3 研究内容

本研究通过研究滤水混凝土施工技术，试图解决由于添加化学外加剂所引起的问题；通过引入电渗技术，加快滤水速度，避免产生滤水孔道，更能保证混凝土的耐久性；通过模网混凝土和钢管混凝土结合，解决钢管混凝土需要额外防火、防锈、维护费用高的问题，解决钢管混凝土结构节点连接不便、施工质量检测困难等问题；由于模网钢管混凝土组合结构内层钢管具有孔洞结构使内外混凝土贯通，利用混凝土和钢管的咬合作用，解决了普通钢管混凝土的脱粘问题；利用 MgO 膨胀剂的自生体积膨胀产生的自应力，成功解决钢管混凝土结构的脱粘问题。本书整体研究架构流程图如图 1.1 所示。

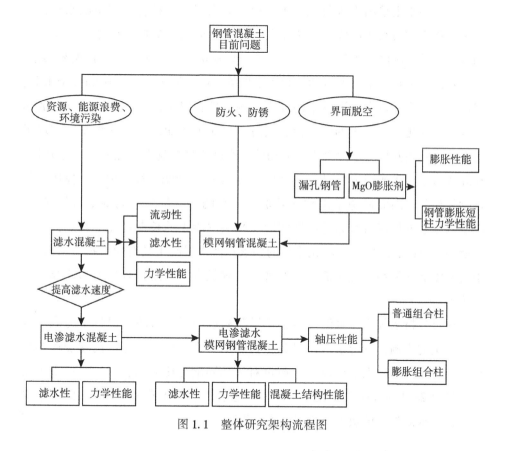

图 1.1　整体研究架构流程图

1.3.1　滤水混凝土研究

本研究首先提出一种新型的绿色混凝土施工技术——滤水混凝土。滤水混凝土是一种不添加任何外加剂，大水灰比施工、小水灰比固结，具有良好的流动性和滤水性的混凝土。

混凝土的强度与水灰比密切相关。水灰比愈小，水泥石强度及其与集料的黏结强度愈大，混凝土强度愈高；但水灰比过小，混凝土拌合物过于干硬，不易浇筑，不能满足混凝土拌合物的工作性要求，这就造成了混凝土施工的大水灰比要求与为满足混凝土强度要求需要小水灰比凝结之间的矛盾。通常为了解决混凝土施工流动性，常加入化学添加剂，但由此产生污染环境、浪费资源、影响混凝土的长期性能以及增加混凝土造价等一系列问题。

滤水混凝土采用大水灰比施工，通过滤出混凝土拌合物多余的水分，解决了混凝土的大水灰比施工与小水灰比固结之间的矛盾问题。滤水混凝土利用混凝土拌合物微泌水但不离析，通过调整水灰比、水泥用量、粉煤灰掺量，使滤水混凝土具有良好的流动性和滤水性能。由于滤掉混凝土中的多余水分，并产生渗滤密实效应，混凝土的强度和耐久性得以提高，实现了混凝土的功能改善，优化了混凝土的价值流；通过大量添加工业废弃物粉煤灰，实现了资源的再利用并提高了混凝土的流动性；通过调整混凝土驻点要素（水灰比、粉煤灰掺量、水泥用量），提高了混凝土的流动性和滤水性；由于不使用任何化学外加剂，因而避免了由化学外加剂带来的污染环境、混凝土造价提高，以及因化学外加剂与水泥适应性问题而影响混凝土的长期性能等缺点，节省了能源、资源，适应了洁净化生产的要求。滤水混凝土具有免振捣、自密实、不需要添加外加剂、施工简便、经济合理等优点，因而具有较大的研究及应用价值。

通过分析水灰比、水泥用量、粉煤灰掺量等因素对滤水混凝土的流动性和滤水量的影响，发现水灰比是其主要影响因素，在一定范围内掺加粉煤灰可以提高滤水混凝土的流动性。通过对比相同配合比滤水、未滤水混凝土立方体试块28天抗压强度发现，由于采用滤水技术降低了混凝土试块的凝结水灰比，滤水混凝土试块的抗压强度得到提高。

1.3.2 电渗滤水混凝土研究

为提高混凝土拌合物的滤水速度、减少滤水孔道、提高滤水混凝土的耐久性，本研究将电渗技术和滤水混凝土施工技术相结合，利用水泥水化产生的双电层导电性能，使混凝土中的多余水分向阴极聚集，从而使混凝土的水灰比明显减少，解决了混凝土工程中施工要求的大水灰比与使用性能要求的小水灰比之间的矛盾问题。由于大水灰比施工,满足混凝土的触变性要求,所以基本不用振捣,减少了噪音对环境的污染;由于电渗滤水使混凝土的凝结水灰比变小,混凝土强度得以提高。采用电渗滤水技术实质是增加了 E_e,相当于提高了滤水水头,因而可以提高滤水速度。这样可以在初凝前完成滤水,以免留下滤水孔道,降低混凝土的强度和耐久性。电渗时,由于水的流动把气泡带走,可以使混凝土更加密实。

本研究通过实验研究电渗滤水混凝土的主要影响因素,实验分析了水化时间、电流强度等因素对电渗滤水的影响;对电渗流在混凝土中的渗流机理问题进行了研究分析;对未电渗滤水混凝土试件、电渗滤水混凝土试件的累计滤水量进行了对比和分析;对未电渗滤水混凝土试件、电渗滤水混凝土试件的力学性能进行了比较分析。实验表明,采用电渗技术,可以加大混凝土试件滤水量,显著提高滤水速度。电渗后,滤水速度加快,但伴生的微小颗粒电泳现象又能有效减少滤水孔道,提高了混凝土的强度和耐久性。

1.3.3 模网钢管混凝土研究

通过运用材料过程工程学原理,解决目前钢管混凝土结构普遍存在的脱粘,需额外防火、防锈,维护费用高及节点连接不便等问题。通过对钢管混凝土生命过程中的资源流(模网、钢管、MgO 膨胀剂)、能源流(电渗滤水)的优化组合形成了一种新型的钢管混凝土组合结构——模网钢管混凝土结构。通过混凝土施工过程的改变,采用电渗滤水施工技术,实现了模网钢管混凝土大水灰比施工、小水灰比固化。由于不添加任何化学外加剂,所以电渗滤水技术避免了混凝土化学外加剂与水泥适应性问题,也减少了化学外加剂对环境造成污染,是一种绿色环保的混凝土施工技术。

模网钢管混凝土是由外围模网、内层漏孔钢管及管、网内混凝土组合而成的新型钢管混凝土组合结构。模网钢管混凝土将模网混凝土和钢管混凝土的优势有机结合起来,充分发挥钢管混凝土的强度高、延性好、施工速度快和模网混凝土免拆模、免振捣、自密实等优点,又具有二者不具备的如下独特优点:

(1)由于模网的渗滤效应排出混凝土中的多余水分、带走气泡,使混凝土更加密实,强度提高;模网对混凝土有强力的约束作用,能避免混凝土各种裂缝的产生；由于模网的约束作用，解决了钢管混凝土组合柱由于保护层过早破坏而导致承载力下降的问题。

（2）解决了普通钢管混凝土结构防火、防锈问题；解决了钢管混凝土节点连接不便的问题。当与钢梁连接时，可以直接与内层钢管焊接或螺栓连接；当与钢筋混凝土梁连接时，梁纵筋可以直接从漏孔钢管管孔中穿过，而不必断开，梁柱节点贯通，有利于结构抗震，能够满足强节点要求；由于内层钢管具有孔洞结构使内外混凝土贯通，因而组合柱整体性加强，解决了普通钢管混凝土的脱粘问题并且便于检查施工质量。

（3）采用电渗滤水技术加快滤水速度，有效地解决了混凝土的大水灰比施工、小水灰比固化的矛盾，由于不需要添加化学外加剂，因而避免了由化学外加剂带来的污染环境，以及因化学外加剂与水泥适应性问题而影响混凝土的长期性能，甚至还提高混凝土的造价等缺点。实验中，外层模网接阴极、内层钢管接阳极，利用水泥水化产生的双电层的导电性，使混凝土中的多余水分向阴极聚集，从模网中滤出，使水灰比明显减少。电渗后，滤水速度加快，但伴生的微小颗粒电泳现象又能有效减少滤水孔道，有利于混凝土的耐久性，因而电渗模网滤水混凝土具有单纯模网滤水混凝土所不具有的优越性。

（4）通过大剂量添加 MgO 膨胀剂，利用钢管的约束产生自应力，提高了组合柱的强度和变形能力，并且使混凝土更加密实，有利于解决钢管混凝土结构脱粘问题。由于模网的约束作用，模网钢管混凝土组合柱不出现一般钢管混凝土组合柱过早出现的崩角并导致组合柱承载力大幅衰减的现象；在破坏阶段，不出现保护层混凝土大面积剥落、脱离、崩溃导致承载力急剧下降的现象；组合柱达到极限承载力后，由于保护层混凝土退出工作后核心钢管混凝土承担了大部分的轴向压力，组合柱整体承载力下降平缓，表现出良好的延性。

模网钢管混凝土组合结构采用电渗滤水技术解决了混凝土施工中要求的大水灰比施工、小水灰比固化的矛盾。由于不添加任何外加剂，所以电渗滤水技术不会对环境造成污染，避免了混凝土外加剂与水泥适应性问题，而且免拆模，免振捣，自密实，因而是一种能够满足节省资源、能源、保护环境和符合可持续发展战略要求的绿色环保的混凝土施工技术。本研究对模网钢管混凝土组合柱在轴心荷载作用下的力学性能进行了研究分析。实验证明，模网钢管混凝土结构有很好的工作性和变形能力，是一种有广阔发展前景的新型组合结构。

1.3.4 MgO 钢管自应力混凝土研究

普通混凝土在硬化过程中产生收缩，造成钢管和核心混凝土脱粘，使钢管的约束作用降低。本研究通过大剂量添加 MgO 膨胀剂，利用 MgO 膨胀产生的自应力成功解决了钢管混凝土结构普遍存在的脱粘问题，并能充分发挥钢管对混凝土的紧箍作用，提高钢管混凝土的强度，解决以往钢管混凝土结构由于变形过大而不能充分发挥钢管对核心混凝土紧箍作用的问题。由于 MgO 具有延迟膨胀的特性，因而能够保证膨胀变形以及自应力可以长期保持稳定，确保自应力钢管混凝土承载力长期稳定。本书中实验研究了添加 MgO 膨胀剂自应力钢管混凝土短柱轴压下的力学性能，研究了初始自应力对其力学性能的影响。试验结果表明，掺加 MgO 膨胀剂后，由于钢管约束膨胀产生的自应力使核心混凝土三向受压承载力提高，提高了组合柱的承载力；自应力的存在延缓了弹塑性阶段核心混凝土裂缝的扩展，提高了核心混凝土的切线模量；同时，使核心混凝土内部更为致密，有效地解决了钢管混凝土脱粘的问题，有力地保证了钢管和核心混凝土的协同工作。

1.3.5 脱硫灰制备胶凝材料研究

本研究旨在利用脱硫灰制备新型建筑胶凝材料，解决脱硫灰大规模应用的问题。在对脱硫灰的成分和物性深入研究的基础上，从理论上分析脱硫灰制备胶凝材料各组分对其力学性能的影响，为确定最优配合比和最佳制备工艺提供理论依据，为脱硫灰的产业化应用提供理论基础。以脱硫灰和水玻璃为主要原料，制备出一种具有较高活性的胶凝材料。探讨了水玻璃用量、水胶比、水玻璃模数、养护时间等因素对胶凝材料力学性能的影响。采用 X 射线衍射分析（XRD）、扫描电镜观察（SEM）等测试手段，研究了样品微观结构与性能的关系。研究结果表明，样品产物主要为无定形的硅铝酸盐。通过实验得到影响制品抗压强度主要的因素是水玻璃用量、水胶比、水玻璃模数、养护时间。采用最优配合比制备并高温养护的试件 3 天抗压强度达到 48.08MPa，28 天抗压强度为 45.60 MPa，能够满足脱硫灰制备胶凝材料的强度要求。

本书通过对钢管混凝土结构施工过程及其诸要素的优化组合，以改变施工过程的资源流、能源流，提高钢管混凝土的工作性能，满足节省资源、能源、保护环境和符合可持续发展战略的要求。

第二章　钢管混凝土

2.1　钢管混凝土简介

钢管混凝土（concrete-filled steel tube）是指在钢管中填充混凝土而形成的构件，是在劲性钢筋混凝土结构及螺旋配筋混凝土结构的基础上演变及发展起来的。按截面形式不同，分为方钢管混凝土、圆钢管混凝土和多边形钢管混凝土。工程上应用比较多的有圆钢管混凝土、方钢管混凝土和矩形钢管混凝土。由于方钢管混凝土的紧箍作用不如圆钢管混凝土，所以我国圆钢管混凝土应用比较多。但由于方钢管混凝土节点连接简便，因而在国外应用比较多。

钢管混凝土由于钢管对混凝土的约束作用，使混凝土的强度提高、脆性下降、塑性和韧性性能大为改善；同时，由于核心混凝土的存在，避免了薄壁钢管的过早屈曲。因而，两种材料能够互相弥补缺陷，充分发挥二者的长处，从而使钢管混凝土具有很高的承载力，大大高于钢管和核心混凝土单独承载力之和。因此，可以说，钢管混凝土结构是一种近乎完美的组合结构，有着广阔的应用前景。

建筑工业化是我国建筑业发展的必由之路。建筑工业化的前提是具备与之相配套的新技术、新材料、新体系。采用新型结构体系是实现建筑工业化的重要举措，符合我国新型工业化的发展方向，是实现建筑业现代化的一个十分重要的切入点，有利于提高工程质量，提升建筑业和房地产业的整体技术水平。通过建立新型结构体系，实现工业化生产、现场组装，尽量减少和避免现场湿作业；实现单一建筑材料向复合材料方向发展，单一建筑结构形式向组合结构方向发展。

砌体结构、钢筋混凝土结构和钢结构结构是我国现有主要建筑结构形式。砌体结构、钢筋混凝土结构生产效率低，属劳动密集型产业，而钢结构以及钢混组合结构（型钢混凝土、钢管混凝土）则是高技术高效率产业。所以，加快对钢结构住宅的研究，将促进建筑业向技术密集型产业转化，实现施工现代化。通过逐步减少现有结构体系中传统的砖混结构的比例，增加预应力结构、钢结构以及钢混组合结构的应用比例，推广符合建筑工业化方向的预制装配式结构体系的新型结构体系，可以淘汰耗能高的建筑材料，减少大量的黏土制品的应用，采用利废、节能、环保的新型建筑材料，从而达到节地、节材、节能的目的。

目前，我国钢产量已跃居世界首位，发展建筑钢结构具备了必要的物质基础。随着钢结构理论和实践的发展，我国钢结构住宅的发展所需的技术问题基本上得到了解决。一方面是因为钢结构自身具有科技含量较高，工厂化制作，安装快速，有利于环境保护，且可再生利用等优点；另一方面是由于我国钢产量大幅度增加，世界钢产量日趋饱和，钢材价格随之下降，所以近年来我国已经从"限制用钢""合理用钢"迅速转向"鼓励用钢"，开始大力推广钢结构。国家建设部等部门也为此制定了加速推广建筑钢结构发展和应用的目标，确定"十五"期间以推广住宅钢结构为重点，力争在"十五"期间使我国建筑钢结构用钢量达到全国钢材总产量的3%，到2015年达到6%。2015年11月14日住建部出台《建筑产业现代化发展纲要》，计划到2020年装配式建筑占新建建筑的比例20%以上，到2025年装配式建筑占新建筑的比例50%以上；2016年2月22日国务院出台《关于大力发展装配式建筑的指导意见》要求，要因地制宜发展装配式混凝土结构、钢结构和现代木结构等装配式建筑，力争用10年左右的时间，使装配式建筑占新建建筑面积的比例达到30%；2016年9月27日国务院出台《国务院办公厅关于大力发展装配式建筑的指导意见》，进一步明确了大力发展装配式建筑和钢结构的重点区域和重点城市，确定了未来装配式建筑占比新建筑的目标。

混凝土和钢材是构成现代建筑结构的两种最大宗和最重要的建筑材料。这两种材料本身性能的不断改善以及两者之间相互组合方式的变化发展，促进了钢管混凝土的不断进步。由于钢结构和钢-混凝土组合结构符合国家住宅产业化目标，符合可持续发展的战略，因而有着光明的发展前景。

钢管混凝土结构由于能充分发挥钢材和混凝土的优点，并克服各自的缺点，被认为是理想的钢-混凝土组合结构。钢管混凝土是钢材和混凝土的有机组合，二者相互作用协同互补，使其具有一系列优越的性能。由于钢管对混凝土的约束作用，使混凝土处于复杂应力状态，从而使混凝土的强度得以提高，塑性和韧性性能大为改善；同时，由于混凝土的存在，可以避免或延缓钢管发生局部屈曲，二者相互作用协同互补，提高了钢管混凝土的整体性，使其具有一系列优越的力学性能和先进的经济指标，因而得到迅速发展，如今，钢管混凝土结构已广泛地应用到各个工程领域。

2.2　钢管混凝土的结构特点

钢管混凝土结构是一种性能优异的结构。钢管混凝土结构在结构性能和施工工艺上具有承载力高、变形性能好，以及抗震性能优越、耐火性好、节省材料和施工简便等众多优点。

钢管混凝土结构具有以下特点：

1. 承载力高

钢管混凝土特别适用于轴心受压和小偏心受压，如果偏心过大，可以采用格构式构件，把偏心荷载转化为轴心受力，或采用配筋钢管混凝土。由于钢管的约束作用，使核心混凝土处于复杂应力状态，产生紧箍作用，从而极大地提高了钢管混凝土的承载能力。钢管混凝土中的核心混凝土，由于钢管产生的紧箍效应，抗压强度可提高 1 倍；而整个构件的抗压承载力为钢管和核心混凝土单独承载力之和的 1.7~2 倍。

2. 施工便捷高效、施工工期短

（1）钢管兼具钢筋和模板的功能，省去支模、拆模和绑扎钢筋的复杂工序，因而施工工期大大缩短。

（2）和钢结构相比，构件少、构造简单、焊接工作量大幅度减少。

（3）高流态、自密实和高位抛落免振捣混凝土工艺以及泵送顶升施工技术的发展，解决了现场钢管内混凝土的浇灌工艺问题，而圆形钢管本身就是耐侧压的模板则能最有效地适应先进的泵灌混凝土工艺。

3. 抗震性能力好

随着建筑物高度和跨度的增加，柱的轴向压力设计值越来越大，为了满足轴压比限值的要求，钢筋混凝土柱的截面尺寸必然很大，形成"短粗胖"柱。"短粗胖"柱的剪跨比小、延性差，对抗震不利。钢管混凝土结构可以有效地解决传统钢筋混凝土结构因轴压比控制而形成的"短粗胖"柱问题。与普通钢筋混凝土相比较，钢管混凝土具有更为优越的抗震性能。因钢管既是纵向钢筋，又是横向箍筋，其管径与管壁厚度的比值至少在 90 以下，这相当于配筋率至少在 4.6% 以上，远超过抗震设计规范对钢筋混凝土柱所要求的最小配筋率限值。核心混凝土在钢管的约束下，破坏时产生很大的塑性变形，整个构件呈现弹性工作塑性破坏。由于钢管混凝土的抗压强度和变形能力优异，即使在高轴压条件下，仍可在受压区发展塑性变形，不存在受压区先破坏的问题，也不存在像钢柱那样的受压翼缘屈曲失稳的问题。因此，从保证控制截面的转动能力而言，钢管混凝土柱无需限定轴压比值。而且，由于钢管对核心混凝土的有效约束，使钢管混凝土在地震力的反复作用下，不会发生像普通钢筋混凝土结构那样混凝土保护层破裂剥落而使构件有效截面减小的现象。因此说，钢管混凝土结构的抗震性能比钢结构和钢筋混凝土结构都强。

4. 解决高强混凝土的脆性问题

高强混凝土具有大幅度提高结构构件的承载能力，显著减小构件截面尺寸等优越性能，被看成是最具有发展前途和可供大宗应用的新一代结构材料。但由于高强混凝土具有受压破坏呈高度脆性的缺点，且混凝土强度愈大，脆性愈显著，严重影响了高强混凝土结构的延性，在较小的变形下结构可能突然破坏。这一问题的存在，严重影响了高强混凝土结构在地震地区的推广应用。实验表明，对高强混凝土轴压试件施加侧向压力，可克服其脆性，其抗压极限强度和变形能力均随侧向压力的增大而增大。对高强混凝土受压构件配置横向箍筋，如螺旋箍筋、方格钢筋网片等，都可有效地提供侧向压力，从而克服其脆性。但往往因箍筋过密而给施工过程中的混凝土浇筑带来不便，或因保护层混凝土过早脱落而使构件的承载能力蜕化，在此情况下，如将高强混凝土灌入圆形钢管，由钢管对核心混凝土形成侧向约束，将成为克服高强混凝土脆性的有效措施。

5. 耐火性能较好

钢管混凝土的耐火性能虽不如钢筋混凝土好，但比钢结构强。钢管混凝土耐火性好的原因是由于管内灌有大量的混凝土，混凝土的热容比钢材的热容大得多，钢材的导热系数却比混凝土的大很多。在火灾情况下，由于混凝土的热传导率很低，其强度丧失的速度远远低于钢的强度丧失，原本由组合构件承受的荷载逐渐转移到核心混凝土上。随着温度的提高，钢管迅速失去承载力，但钢管壁对核心混凝土仍起着"套箍"的作用。虽然柱内混凝土的强度也在逐渐丧失，但由于钢管的保护作用，核心混凝土在高温下，并没有像钢筋混凝土结构那样发生剥落和崩裂，所以钢管和核心混凝土能够协同工作，使钢管混凝土结构具有较好的耐火性能。而且在火灾后，钢管混凝土结构的整体性比较好，因而比较易于修复加固。

6. 刚度大、侧移小、抗撞击

纯钢结构高层建筑，存在着刚度小、抗侧移能力差的问题，即使加支撑系统和减震系统，也难免在大风和地震时顶部产生过大的摇摆和振动，正常使用舒适感差。而钢管混凝土由于钢管的套箍作用和核心混凝土对钢管的支撑作用，克服了混凝土的脆性和钢管的局部屈曲，使钢管混凝土具有较高的刚度，因而钢管混凝土的抗侧移刚度大、阻尼比大、大风和地震时的侧向变形小，增加了高层建筑的舒适感。钢管混凝土还可以与预应力技术结合，提高结构的刚度。钢管混凝土耐撞击的能力比钢结构和钢筋混凝土结构都强。

7. 经济效益显著

理论分析和工程实践都表明，钢管混凝土与钢结构相比，在保持自重相近和承载能力相同的条件下，可节省钢材约50%，焊接工作量可大幅度减少；与普通钢筋混凝土相比，在保持钢材用量相近和承载能力相同的条件下，构件的横截面面积可减小约一半，混凝土和水泥用量以及构件自重相应减少约50%，大大地增加了建筑的有效使用空间，大幅度地节约了混凝土。钢管混凝土由于内填混凝土，使钢管的外露面积减少，受外界气体腐蚀面积比钢结构少得多，增强了钢管的耐腐蚀性和耐久性，相对钢管结构来说，节省了一半的防锈维护费用。而且，钢管混凝土结构适于现代化的施工技术，可大幅度缩短施工工期，因而经济效果良好。

2.3 钢管混凝土结构应用及研究现状

2.3.1 钢管混凝土结构的应用

钢管混凝土结构由于具有承载力高、抗震性能好、经济效果显著和施工快速简洁等优越的力学性能和施工性能，受到美欧各国土木工程界的重视，竞相开发利用。最早采用钢管混凝土的工程之一是 1879 年英国的 Seven 铁路桥桥墩，当时在钢管内填充混凝土，以防钢管内壁锈蚀，并承受压力。从 1897 年美国人 John Ally 在圆钢管中填充混凝土作为房屋建筑的承重柱并获得专利算起，钢管混凝土结构在土木工程中的应用已有百年历史。美国在 20 世纪 60 年代于旧金山市建造了一座 50 层高 175.3m 的办公楼，为了提高抗震能力，采用了钢管混凝土柱。但此后很长时期中，钢管混凝土在建筑中并未得到广泛推广应用。直到 20 世纪 80 年代后期，由于现代高强、高性能混凝土技术和泵送混凝土技术的迅速发展，给钢管混凝土结构技术的发展增添了新的活力，使钢管混凝土技术得以迅猛发展，广泛应用于欧、美、澳大利亚的一些桥梁工程和高层建筑工程中。美国 1989 年建造的西雅图 58 层的 Two Union Square，总高 219.5m。为了防止高强混凝土的脆性破坏，其核心筒采用四根大直径钢管混凝土柱，柱直径 3.04m，采用 C110 高强混凝土浇筑，可承担总负荷的 40%，而与钢结构方案比较，节省钢材 50%，降低造价 30%。

钢管混凝土在我国的发展虽然只有几十年的历史，但发展速度非常快，如今，已广泛地应用到各个工程领域。20 世纪 60 年代，钢管混凝土开始应用于工业厂房。据统计，到 1994 年我国就有上百个单层、多层厂房或构架柱工程采用钢管混凝土柱，每根构件的造价与钢筋混凝土柱的造价相当或有所降低，但截面明显减少，施工周期缩短。上海国棉 31 厂的机修车间是第一个采用钢管混凝土的多层工业厂房。与采用钢筋混凝土柱相比，提前了两个月竣工，充分显示出钢管混凝土的优越性。20 世纪 90 年代以来，钢管混凝土在我国有了长足的发展，迅速推广到高层建筑和公路拱桥领域。近十几年，钢管混凝土被广泛地应用于拱桥和空间桁架梁式桥梁结构中。据不完全统计，截至 1999 年，我国共建造钢管混凝土拱桥一百多座，钢管混凝土劲性骨架拱桥

10 余座。特别是 1997 年建成的万县长江公路大桥，采用以钢管混凝土为劲性骨架的叠合式箱形断面拱桥，净跨 420m，一跨过长江，为世界之最。2009 年建成通车的湖北支井河大桥桥梁全长 545.54m，主跨 430m，采用上承式钢管混凝土跨越 300m 的 V 形峡谷，为目前世界同类型桥梁跨度之最。2012 年建成通车的波司登长江大桥，主桥为单跨跨径达 530m，全长 861m 的中承式钢管混凝土拱桥，是目前世界上跨径最大的钢管混凝土拱桥。与此同时，钢管混凝土在我国高层和超高层建筑中的应用发展很快，经历了由局部柱子采用，到大部分柱子采用，最后发展到全部柱子采用的过程。其中局部采用钢管混凝土柱子的高层建筑有：福建泉州市邮电局大楼（高 87.5m）、福建南安邮局大厦、福州环球广场、广州好世界广场（116.3m）、北京四川大厦、福建省政府屏山综合楼二区；大部分柱子采用的有：厦门阜康大厦（86.5m）、北京世界金融中心大厦（120m）、广州新中国大厦（201.8m）、深圳市邮电信息中心大厦、天津工商银行办公大楼；全部柱子采用的有：厦门金源大厦（96.1m）、天津今晚报大厦（137m）、深圳赛格广场大厦（291.6m）、上海陆海工程（84.7m）等。1998 年建成的由我国自行设计、建造的深圳赛格广场工程，地下 4 层、地上 72 层，总高度 296.1m，为目前世界最高的钢管混凝土高层建筑，标志着我国钢管混凝土结构设计应用水平和现代混凝土施工技术已进入世界先进水平。2009 年 9 月竣工的广州新电视塔，总建筑面积 114054m²，塔体建筑面积 44276m²，是中国第一高塔，世界第二高塔。广州新电视塔主塔高 454m，天线桅杆高 146m，总高度 600m。广州新电视塔主塔采用钢管混凝土柱构成外框架采用钢管混凝土柱，柱管径 1200~2000mm。柱子内灌注 C60 混凝土。如图 2.1~图 2.3 所示。

2.3.2 钢管混凝土结构的研究现状

对钢管混凝土力学性能进行较为深入地研究并大范围推广应用，主要是在 20 世纪 60 年代以后。苏联在 20 世纪 60 年代进行了大量的研究，并在工业厂房、空间结构和拱桥结构中进行了应用。欧洲一些国家研究了方钢管混凝土和圆钢管混凝土，其核心混凝土为素混凝土或在核心混凝土中配置钢筋或型钢，并编制了相应的设计规程，如欧洲标准化委员会编制的 EC4（1994）和英国的 BS5400（1979）。美国和加拿大以研究方钢管混凝土和圆钢管混凝

图 2.1 深圳赛格广场大厦

图 2.2 波司登长江大桥

土为主，内填素混凝土，设计规程主要有 ACI318-08（2008）和 AISC（2005）。
1923 年日本关西大地震后，发现钢管混凝土结构在该次地震中的破坏并不明

图 2.3 广州电视新塔

显。1995 年阪神地震后，钢管混凝土显示了其优越的抗震性能，钢管混凝土的研究进一步成为热门课题之一。日本主要研究核心混凝土为素混凝土或配筋混凝土的方钢管混凝土、圆钢管混凝土和矩形钢管混凝土。日本的设计规程主要有 AIJ（1997）。

我国主要集中于钢管中内填素混凝土的钢管混凝土结构的研究。20 世纪 80 年代，根据建设部科技发展计划，在我国开展了较系统的科学试验研究，使钢管混凝土结构的计算理论和设计方法取得了长足的进展，已形成一套能满足设计需要的计算理论和设计方法。早在 1984 年中国建筑科学研究院结构所与海军工程设计研究局协作，即开始了对 C75～C85 级钢管高强混凝土柱基本性能的试验研究。接着，在国家自然科学基金会和建设部、铁道部、国家建材局等联合资助的"七五"重点科技项目"高强混凝土结构性能、设计方法及施工工艺的研究"和"八五"重点科技项目"高强与高性能混凝土材料的结构与力学性态研究"中，都有关于钢管高强混凝土的研究子项，先后由中国建筑科学研究院、清华大学、重庆建筑大学等承担，混凝土强度等级已达到 C110。这些研究成果以条文的形式被列入《钢管混凝土结构设计与施工规程》（CECS28：2012）、《钢管混凝土结构技术规范》（GB50936—2014）、《高强混凝土结构设计与施工指南》以及《高强混凝土结构技术规程》（CECS104：99）中，是钢管高强混凝土的推广应用的技术上的后盾。

　　钢管混凝土结构由于具有承载力高、抗震性能好、施工方便等优点，在近几十年间得到迅猛发展。这些年来，各国学者对钢管混凝土进行了深入研究，取得了大量的成果，并广泛应用于实际工程中。Peter 对钢管高强混凝土的力学性能进行了理论研究；Shams 等利用大型有限元软件 ABAQUS 对钢管混凝土的轴心受压状态下的力学性能进行了数值分析；Han 和 Yang 对矩形钢管混凝土轴心受压柱的长期荷载作用下的变形性能进行了研究；Nakai 等做了圆钢管混凝土试件在长期荷载作用下的轴压力学实验；辽宁省建筑设计研究院把钢管混凝土放在普通高强混凝土柱断面中间，形成钢管高强混凝土核心柱；大连理工大学陈周熠、张德娟等研究了影响核心柱的主要因素；东南大学林拥军、华南理工大学谢晓峰等进行了核心柱的轴心受压实验研究；秦宇毅以合江长江一桥为工程背景，采用 Midas／civil 2017 程序建立有限元计算模型，开展了 500m 级钢管混凝土拱桥在施工阶段和成桥状态的极限承载力分析；潘春龙等研究了沈阳宝能环球金融中心 T1 塔楼超高层建筑钢管混凝土巨柱施工技术，通过在巨柱侧面（朝核心筒一侧）开设浇筑孔浇筑巨柱内混凝土的施工方法，降低了泵管布置难度和混凝土浇筑难度；杨开等研究了中国铁物大厦超高层办公楼的结构设计，中国铁物大厦 A、B 座塔楼均采用钢管混凝土柱框架-钢筋混凝土核心筒混合结构体系，钢管混凝土柱底层最大直径为 1500mm（壁厚 50mm），顶层直径为 1000mm（壁厚 25mm），试验研究了加劲肋间距对钢管混凝土柱浇筑质量和密实度的影响，阐述了结构计算分析、抗震性能目标、针对超限所采取的措施及主要计算结果。

　　由于钢管混凝土的耐火性能较钢筋混凝土差，因而必须采取一定的防火措施。国内一般采用在钢管上涂刷防火涂料或在钢管外包以混凝土或水泥砂浆的防火方法。国外鉴于防火涂料造价较高且存在较严重的耐久性问题，更多采用在钢管内加配钢筋、钢纤维或型钢的方法来提高钢管混凝土构件的耐火性能。国内外学者，如 Klingsch、Kim、韩林海、杨有福、徐蕾等，对钢管混凝土柱耐火极限进行了系统的研究。韩林海等对钢管混凝土柱的抗火设计方法进行了系统的分析研究，并在深圳赛格广场大厦等钢管混凝土柱抗火设计中得到应用，取得了良好的经济效益。

钢管混凝土用于地震区时，为防止遭受地震作用的破坏，应对钢管混凝土构件和结构进行动力分析研究。王路明在试验研究的基础上，结合有限元软件 LS-DYNA 数值分析结果，对钢管混凝土柱的损伤形态、损伤评估主控变量、损伤评估准则及损伤评估方法进行了研究。钢管混凝土柱、梁的节点是保障结构体系具有良好的抗震性能的关键环节。国内外有关学者对钢管混凝土抗震性能进行了深入的研究，设计出一些受力合理、传力明确、施工简便的节点形式，有力地推动了钢管混凝土结构的应用和发展。

随着我国建筑行业的迅猛发展，建筑结构越来越趋向大跨、高耸、重载，同时需要满足恶劣的工作环境，这对建筑材料提出了严峻的挑战，建筑材料必须满足轻质、高强、高耐久性和多功能的要求。纤维增强复合材料（fiber reinforced polymer，FRP）作为一种新型建筑材料应运而生。FRP 复合材料是由纤维材料与基体材料按一定的比例混合后形成的新型高性能材料。FRP 具有较高的抗拉强度，较好的耐久性、较高的比强度、便利的施工条件、与混凝土相近的线膨胀系数以及不断下降的价格，这些因素使得 FRP 得以在建筑工程中快速发展，正被越来越广泛地应用于桥梁工程、各类民用建筑、海洋工程、地下工程中。最初的建筑工程应用中，FRP 材料通常用于受损结构的加固和修复。近年来，关于 FRP 材料与传统混凝土和钢材组合而成的新型组合材料的研究和应用也开始不断增多。曾岚研究了 FRP 约束再生混凝土内钢管空心组合圆柱的轴心受压和抗震性能。试验结果表明：FRP 约束再生混凝土柱的循环轴压性能与 FRP 约束原生混凝土性能类似；试件滞回曲线呈现饱满的梭形，试件变形和耗能性能良好；再生骨料替代率影响较小，随着再生骨料替代率的增加，试件滞回曲线的"捏缩"效应略微减弱，总耗能和等效黏滞阻尼系数略微提高。

孙国帅等系统地总结了 CFRP（carbon fiber reinforced polymer）约束钢管混凝土构件的研究进展和应用情况，分析了有关构件力学性能的理论研究、数值模拟和试验研究成果，并建议进一步研究构件的抗火灾性能、抗腐蚀性能以及地震作用下动力性能和易损性。张俊林运用 ABAQUS 软件对 FRP 管-混凝土-钢管混凝土组合柱的轴压性能进行了有限元分析，分别研究了全截面加载时钢管位置的影响规律、核心加载时复合套管各材料厚度的影响规律及 FRP 断裂位置的分布规律。陈东等分别开展了 9 个碳纤维增强聚合物-方钢管混凝土试件和 3 个方钢管混凝土试件的剪切性能试验研究，并用 ABAQUS 软件模拟试件的剪力-剪切位移曲线，模拟曲线与试验结果吻合较好。试验结果表明：增加横向 CFRP 层数可以提高试件的受剪承载力，但对试件初始刚度没有明显影响；提高混凝土抗压强度，可以提高试件的受剪承载力和初始刚度；横向 CFRP 层数和混凝土抗压强度对曲线的形状影响不大。同一点的 CFRP 与钢管的应变基本一致，表明两种材料可以协同工作。刘兰等研究了碳纤维增强复合材料（CFRP）约束钢管混凝土圆柱的抗爆性能，利用有限元软件 AN-SYS/LS-DYNA 对 11 根圆柱试件在爆炸荷载下的动力响应进行了数值模拟分析，分析结果表明：与钢管混凝土圆柱相比，CFRP 约束钢管混凝土圆柱的跨中最大位移明显减小，抗侧刚度和抗爆能力得到明显提高；在一定参数范围内，CFRP 约束钢管混凝土圆柱试件的抗侧刚度和抗爆能力随着 CFRP 粘贴层数或钢管壁厚的增加而提高；炸药量或长细比越大，试件的跨中侧向位移越大，破坏越严重。李斌探讨了一种以 FRP 管-混凝土-钢管组合构件为主拱拱肋及拱上立柱的新型 FRP 拱桥，利用 MIDAS 有限元软件对整桥进行受力计算，得出设计控制截面内力，并依据相关规范对控制截面进行承载力验算，论证了该类拱桥设计的可行性；研究了 FRP 管-混凝土-钢管拱肋浇筑方法，并制定出所设计 FRP 拱桥可行的施工方案，最后对新型 FRP 拱桥进行了经济性分析。

2.4 钢管混凝土结构材料要求及承载力计算

2.4.1 材料

《钢管混凝土结构设计与施工规程》（CECS28：2012）对钢管混凝土的材料、设计规定及计算、连接设计、质量要求均有明确规定。

1. 钢管

（1）钢管可采用 Q235、Q345、Q390、Q420、Q345GJ 钢材。采用 Q235、Q345、Q345GJ 钢材且工作温度大于 0℃时，可选用 B 级；当工作温度低于 0℃而高于 20℃时，应选用 C 级；当工作温度低于-20℃时，应选用 D 级。采用 Q390、Q420 钢材且工作温度低于 0℃而高于-20℃时，应选用 D 级，当工作温度低于-20℃时，应选用 E 级。

钢材质量应符合现行国家标准《碳素结构钢》（GB/T 700）和《低合金高强度结构钢》（B/T1591）的规定。当有可靠根据时，可采用其他牌号的钢材。

（2）钢管采用耐候钢时，其质量标准应符现行国家标准《耐候结构钢》（GB/T4171）的要求；当有可靠依据时，也可采用高性能耐火耐候建筑用钢。

（3）钢管宜采用螺旋焊接管和直缝焊接管，也可采用无缝钢管。焊接管必须采用对接熔透焊缝，焊缝强度不应低于管材强度。

（4）钢材的强度值应按表 2.1 采用。其弹性模量 E_a 应为 $2.06×10^5$ N/mm^2，剪变模量 G_a 应为 $7.9×10^4$ N/mm^2。

（5）当抗震设计时，钢管混凝土结构的钢材应符合下列要求：

钢材的屈服强度实测值与抗拉强度实测值的比值不应大 0.85；

钢材应有明显的屈服台阶，且伸长率不应小于 20%；

钢材应有良好的焊接性和合格的冲击韧性。

表 2.1 　　　　　　　　　　　　钢材的强度值　　　　　　　　　（单位：N/mm^2）

钢 材		屈服强度 f_y	强度设计值		
牌号	钢材厚度（mm）		抗拉、抗压抗弯 f_a	抗剪 f_v	端面承压（刨平顶紧）f_{ce}
Q235	≤16	235	215	125	325
	>16~40	225	205	120	
	>40~100	215	200	115	
	>100~150	195	180	110	

续表

钢 材		屈服强度 f_y	强度设计值		
牌号	钢材厚度（mm）		抗拉、抗压、抗弯 f_a	抗剪 f_v	端面承压（刨平顶紧）f_{ce}
Q345	≤16	345	310	180	400
	>16~40	335	300	175	
	>40~63	325	290	165	
	>63~80	315	280	160	
	>80~100	305	270	155	
	>100~150	285	255	150	
Q390	≤16	390	350	205	415
	>16~40	370	335	190	
	>40~63	350	315	180	
	>63~100	330	295	170	
	>100~150	310	280	160	
Q420	≤16	420	380	220	440
	>16~40	400	360	210	
	>40~63	380	340	195	
	>63~100	360	325	190	
	>100~150	340	305	175	

2. 混凝土

（1）钢管内的混凝土可采用普通混凝土和自密实混凝土，其强度等级不应低于C30。

（2）混凝土的轴心抗压、轴心抗拉强度和弹性模量应按表2.2采用。

表2.2　　　　　混凝土强度和弹性模量　　　　（单位：N/mm²）

混凝土强度等级		C30	C35	C40	C45	C50	C55	C60	C70	C80
轴心抗压强度	标准值 f_{ck}	20.1	23.4	26.8	29.6	32.4	35.5	38.5	44.5	50.2
	设计值 f_c	14.3	16.7	19.1	21.1	23.1	25.3	27.5	31.8	35.9

混凝土强度等级		C30	C35	C40	C45	C50	C55	C60	C70	C80
轴心抗拉强度	标准值 f_{tk}	2.01	2.20	2.39	2.51	2.64	2.74	2.85	2.99	3.11
	设计值 f_t	1.43	1.57	1.71	1.80	1.89	1.96	2.04	2.14	2.22
弹性模量 E_c （$\times 10^4$）		3.00	3.15	3.25	3.35	3.45	3.55	3.60	3.70	3.80

2.4.2 承载力计算

（1）钢管混凝土柱的轴向受压承载力应满足下列要求：

持久、短暂设计状况：

$$N \leqslant N_u \tag{2.1}$$

地震设计状况：

$$N \leqslant N_u / \gamma_{RE} \tag{2.2}$$

式中：N——轴向压力设计值；

$\quad\quad N_u$——钢管混凝土柱的轴向受压承载力设计值。

（2）钢管混凝土柱的轴向受压承载力设计值应按下列公式计算：

$$N_u = \varphi_1 \varphi_e N_0 \tag{2.3}$$

当 $0.5 < \theta \leqslant [\theta]$ 时，

$$N_0 = 0.9 A_a f_c (1 + \alpha\theta) \tag{2.4}$$

当 $2.5 > \theta > [\theta]$ 时，

$$N_0 = 0.9 A_a f_c (1 + \sqrt{\theta} + \theta) \tag{2.5}$$

$$\theta = \frac{A_a f_a}{A_c f_c} \tag{2.6}$$

且在任何情况下均应满足下列条件：

$$\varphi_1 \varphi_e \leqslant \varphi_0 \tag{2.7}$$

式中：N_0——钢管混凝土轴心受压短柱的承载力设计值；

$\quad\quad \theta$——钢管混凝土的套箍指标；

$\quad\quad \alpha$——与混凝土强度等级有关的系数，按表2.3取值；

$\quad\quad [\theta]$——与混凝土强度等级有关的套箍指标界限值，按表2.3

取值；

A_c——钢管内的核心混凝土横截面面积；

f_c——核心混凝的轴心抗压强度设计值；

A_a——钢管的横截面面积；

f_a——钢管的抗拉、抗压强度设计值；

φ_1——考虑长细比影响的承载力折减系数；

φ_e——考虑偏心率影响的承载力折减系数；

φ_0——按轴心受压柱考虑的 φ_1 值。

表 2.3 系数 α、$[\theta]$

混凝土等级	≤C50	C55～C80
α	2.00	1.80
$[\theta]$	1.00	1.56

2.5 钢管混凝土组合柱轴压承载力研究

钢-混凝土组合柱由于其具有强度高、刚度大、延性好和具有良好的抗震耗能能力而得到广泛应用。目前，主要的钢-混凝土组合柱形式有两种：钢骨混凝土柱和钢管混凝土柱。钢管混凝土组合柱是在钢骨混凝土柱与钢管混凝土柱的基础上发展而来的。它是将钢管混凝土布置在柱的核心，外面再包围一圈钢筋混凝土，形成钢管、管内混凝土和管外钢筋混凝土三种材料的组合。它的横截面如图 2.4 所示。

由于钢管对核心混凝土的约束作用，使钢管混凝土组合柱具有较高的承载力和较好的延性。由于外层钢筋混凝土的保护作用，组合柱具有比钢管混凝土柱更好的耐火性、耐蚀性能，比钢管混凝土柱易于连接。

本书综合研究套箍指标，箍筋体积配箍率等因素对组合柱承载力的影响，通过对钢管混凝土组合柱受荷全过程分析，给出了钢管混凝土组合柱轴压承载力简化计算公式，该计算公式与试验结果符合较好。

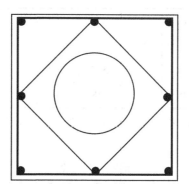

图 2.4 组合柱横截面

2.5.1 试验概况

1. 材料强度

钢材强度由拉伸试验确定，按金属拉伸试验方法进行拉伸试验，得到纵筋、箍筋和钢管的力学性能指标。

核心混凝土采用 P·O52.5 强度等级普通硅酸盐水泥；粗集料采用最大颗粒直径 20mm 的碎石；细集料采用河砂。组合柱轴压承载力见表 2.4，配合比见表 2.5。

表2.4 试 件 尺 寸

编号	$b \times h$ (mm)	d (mm)	f_c (MPa)	f_y' (MPa)	f_y^t (MPa)	θ	ρ	N_u (kN)	N_0 (kN)	箍筋间距 (mm)
A	200×200		35	345	358	1.01	0.013	1980	2065	100
B	200×200		35	345	358	1.01	0.013	1945	2065	100
C	200×200		35	345	358	1.01	0.009	1780	2065	150
D	200×200		35	345	358	1.01	0.009	1880	2065	150
E	250×250		35	345	358	1.01	0.010	2960	2854	100
F	250×250		35	345	358	1.01	0.006	2925	2854	150

续表

编号	b×h (mm)	d (mm)	f_c (MPa)	f_y' (MPa)	f_y^t (MPa)	θ	ρ	N_u (kN)	N_0 (kN)	箍筋间距 (mm)
G		114	35		358	1.01		890		
H		114	35		358	1.01		873		

注：试件 A、B、C、D、E、F 是组合柱，试件 G、H 是钢管混凝土柱。

表 2.5　　　　　　　　　　混凝土配合比

水泥 (kg/m³)	水 (kg/m³)	砂 (kg/m³)	石 (kg/m³)	高效减水剂 (kg/m³)
477	167	629	1168	3.82
1	0.35	1.32	2.45	0.008

2. 试件制作

试验共设计 4 组试件，每组相同试件两个，其中 3 组为组合柱，1 组为钢管混凝土柱，一共 8 根。构件的构造及尺寸见图 2.4 和表 2.4。

3. 试验方法

试件在大连理工大学结构试验室 3000kN 压力试验机上进行，试验采用分级加载。开始每级荷载为预计最大承载力的 10%左右，接近屈服荷载时，每级荷载减半。每次加到预计荷载后，持荷 3 分钟。接近破坏时，慢速连续加载，直到试件破坏为止。

2.5.2　试验结果和分析

1. 受力过程及破坏状态

应力-应变曲线如图 2.5 所示。承载力试验值如表 2.4 所示。典型破坏模式如图 2.6 所示。

在实验最初阶段，荷载较小，钢管与外包钢筋混凝土均处于弹性工作状态，钢管、钢筋与混凝土都能较好地共同工作，协调变形。随着荷载的增大，组合柱塑性变形加大，变形增加的速度快于荷载增长的速度。首先在柱头对应的四角部位出现裂缝，当荷载达到极限荷载的 80%左右时，柱中开始出现

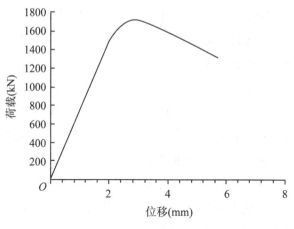

图 2.5 荷载-位移曲线

图 2.6 典型破坏形式

纵向微细裂缝，伴随着轻微的混凝土开裂的声音；随着荷载的进一步增加，裂缝逐渐增多，裂缝宽度不断加大，纵筋和钢管纵向开始屈服。此后，混凝土的应力迅速增长，当保护层混凝土达到其单轴抗压强度后，部分压碎，退出工作，保护层混凝土进入应力下降阶段。由于保护层混凝土退出工作，荷载向核心钢管混凝土和受箍部分混凝土转移。钢管核心混凝土横向应变剧增，钢管向外膨胀加剧，加速了外包混凝土的横向变形，促进箍筋应变的发展，导致箍筋对混凝土的约束作用不断增长，箍筋的约束作用充分发挥。随着荷载的继续增加，受箍部分混凝土达到其三轴抗压强度，开始进入应力下降阶段，此时，核心混凝土的应力仍处于上升状态。当核心混凝土接近三轴抗压强度时，其应力增长缓慢，核心混凝土承载力的增长部分不足以补偿外包混凝土的下降部分，而受箍部分外包混凝土的应力急剧下降，试件达到极限荷载，开始进入承载力下降阶段。当荷载增加到极限荷载后，纵向裂缝不断延伸，形成众多的细长柱，使得表面的混凝土出现失稳或被压碎。伴随着较大的混凝土压碎的声音，钢管外围混凝土开始大量剥落，并向外崩出，箍筋间的纵筋严重屈曲，向外凸出，箍筋外鼓，弯钩局部被拉开，角部混凝土被分割成成棱柱体。试件破坏最严重的部分出现在试件的中部。由于外包混凝土受到箍筋的约束，承载力下降比较平缓。钢管混凝土组合柱不像钢筋混凝土短柱的受压破坏那样表现为明显的脆性破坏，并且由于外包混凝土的约束作用，钢管并未发生明显局部屈曲现象。试件达到极限承载力之后，由于钢管混凝土承担了大部分的轴力，试件未出现坍碎现象。

2. 钢管混凝土钢管含钢率对组合柱工作性能的影响

钢管在组合柱中作用显著，在纵向压力作用下，由于钢管和核心混凝土的相互作用，产生了所谓紧箍效应。钢管对核心混凝土的横向变形产生约束作用，使核心混凝土处于三向受压应力状态，从而提高了其轴向抗压强度，改善了核心混凝土的脆性性能，增大了核心混凝土的延性，提高了组合柱整体的抗压承载能力，改善了构件的变形能力。当组合柱试件达到极限荷载后，核心钢管混凝土仍处于承载力上升阶段，由于核心钢管混凝土承担了大部分的轴力，试件不像钢筋混凝土承压短柱那样发生脆性坍碎破坏，组合柱整体承载能力缓慢下降，组合柱整体变形持续增加，表现出较好的延性。试验表明，组合柱钢管混凝土含钢率越高，柱承载力下降越平缓，组合柱的变形能力越好。

3. 箍筋体积配箍率对组合柱工作性能的影响

试验表明，箍筋在组合柱中的作用是十分明显的：

（1）箍筋与纵筋形成钢筋骨架，防止纵筋过早压屈。

（2）约束钢管的横向变形，防止钢管的局部压屈。在试件整体屈服后仍能继续保持与核心钢管混凝土协调变形，共同工作，防止了外包混凝土与钢管混凝土的黏结破坏，保证了组合柱的强度和延性。

（3）在加载初期，箍筋应变发展较慢，随着荷载的增加，特别是纵筋与钢管屈服后，外包混凝土受到来自纵向荷载和钢管外壁的双向压力，横向膨胀加快，导致混凝土开裂和箍筋产生横向的拉应力，使外包混凝土处于三面受压状态，使其纵向抗压强度和极限压应变值提高，从而提高组合柱的承载能力和变形能力。

由于箍筋对外包混凝土的约束作用，组合柱不致因外包混凝土过早剥落而承载力急剧下降。试验表明，箍筋体积配箍率较大的试件在破坏阶段的承载力衰减较小，试件具有较大的延性；配箍率较小的试件外包混凝土在破坏阶段会产生较大范围的剥落，试件的承载力下降较快。

2.5.3 简单计算公式

钢管混凝土组合柱的轴压承载力由外包钢筋混凝土和核心钢管混凝土纵向承压强度两部分组成。外包钢筋混凝土的纵向承载力计算值 N_r 按照《混凝土结构设计规范》（GB50010—2010）方法计算：

$$N_r = f_c A_c^e + f_y' A_s' \tag{2.8}$$

式中：f_c——外包混凝土的抗压强度；

f_y'——纵向受压钢筋的屈服强度；

A_c^e——外包混凝土的截面面积；

A_s'——纵向受压钢筋的截面面积。

核心钢管混凝土部分 N_t 采用《钢管混凝土结构设计与施工规范》（CECS28：90）的计算公式计算：

$$N_t = f_c A_c^i (1 + \sqrt{\theta} + \theta) \tag{2.9}$$

式中：A_c^i——核心混凝土的截面面积；

θ——套箍指标。

$$\theta = \frac{f_y' A_t}{f_c A_c^i} \tag{2.10}$$

式中：A_t——钢管的截面面积；

f_y'——钢管的屈服强度。

由式（2.8）、式（2.9）可得组合柱受压承载力 N_0 的计算公式：

$$N_0 = N_r + N_t = f_c A_c^e + f_y' A_s' + f_c A_c^i (1 + \sqrt{\theta} + \theta) \tag{2.11}$$

计算结果与试验结果比较，见表 2.4，N_u 为实验测得的组合柱受压承载力。

对比结果表明，计算公式具有较高的精度，与试验结果吻合较好。

2.5.4　结论

（1）钢管混凝土组合柱在轴压状态下具有较高的承载力和较好的延性，核心钢管混凝土对组合柱工作性的改善作用显著。由于钢管对核心混凝土的约束作用，提高了组合柱的承载力，改善了核心混凝土的脆性，使组合柱破坏阶段具有较好的变形能力。

（2）钢管含钢率对提高组合柱整体强度、刚度和变形作用十分显著，含钢率越高则组合柱强度越大，承载力下降越平缓，延性越好。

（3）合理的箍筋体积配箍率可以提高组合柱强度，保证外包混凝土与核心钢管混凝土变形协调，共同工作，改善了组合柱的延性。

（4）提出了钢管混凝土组合柱轴压承压力计算公式，该公式与计算结果符合良好。

第三章　活性粉末混凝土

3.1　活性粉末混凝土研究现状

活性粉末混凝土 RPC（reactive powder concrete）是继高致密水泥均匀体系 DSP（densified system containing homogeneously arranged ultrafine particles）和无宏观缺陷水泥 MDF（micro defect free cement-based material）之后，出现的一种力学性能、耐久性能都非常优越的新型建筑材料。

随着我国经济建设的不断发展，高层建筑、大跨度桥梁大量涌现。活性粉末混凝土能够很好地满足大跨、高耸结构的建设要求，因而日益成为当今的研究热点。RPC 具有超高强度、高耐久性、高韧性、高弹性模量，其抗压强度可达 200~800MPa，抗折强度为 20~100MPa，断裂能 2000~40000J/m²。以上优点使 RPC 在建筑结构、核废料隔离等诸多领域展现出广阔的应用前景。

我国目前是活性粉末混凝土实际使用量最多的国家。近年来，随着对活性粉末混凝土材料特性的认识不断加深，我国对活性粉末混凝土的原材料选配、工业化生产工艺、成套生产设备进行了系列研发，逐步形成了完整的活性粉末混凝土及其制品生产的技术平台，活性粉末混凝土的应用领域不断拓宽。伴随着活性粉末混凝土规模化应用，其工程造价逐步降低、应用前景日趋广阔。目前，活性粉末混凝土应用领域已扩展至大型桥梁、高速铁路电缆沟盖板和人行步道板、高层建筑、海上风力发电机基座、地下综合管廊、国防设施等多个领域。

据湖南大学新闻网报道，2016 年 1 月 8 日，由湖南大学土木工程学院方志教授带领的团队主持结构研发和设计的国内首座超高性能混凝土桥梁——

长沙北辰三角洲横四路跨街天桥顺利建成通车。该工程结合湖南省住建厅省级市政公用科技示范工程创建计划项目"活性粉末混凝土桥梁设计与施工"完成。该桥梁是国际上首座采用全预制拼装工艺建成的超高性能混凝土车行箱梁桥，是超高性能混凝土这种新型建筑材料在桥梁结构中的首次全面应用。横四路跨线桥桥梁全长70.8m，跨径布置为27.6m+36.8m+6.4m（悬臂）。上部结构采用R150单箱三室鱼腹式节段预制拼装预应力超高性能混凝土连续箱梁，下部结构采用R100超高性能混凝土双向曲线花瓶式整体预制桥墩。因为采用轻质高强的超高性能水泥基材料——活性粉末混凝土RPC，桥梁上部结构重量减小了近三分之一，使得全长70.8m的桥梁只需2个桥墩，桥墩截面最小尺寸仅仅60cm。若使用普通混凝土浇筑建造，至少需要5个以上桥墩作支撑。预制主梁由14个长4.6m、重250kN的标准节段和1个平均长度6.5m、重500kN的异形段组成，其内设置10束通长ΦS15.2低松弛钢绞线预应力束，孔道采用抗压强度100MPa的DSP灌浆。箱梁采用短线预制、长线拼装工艺架设，2个5.4m高的桥墩均为整墩预制吊装施工。如图3.1所示。

作为全球最结实、最强韧的一种混凝土，活性粉末混凝土在国防工程上的应用日益引人瞩目。

2019年1月8日，最新一届国家最高科学技术奖荣誉被授予给工程防护专家、中国现代防护工程理论的奠基人钱七虎院士，这也让一个鲜为人知的军事技术领域——地下工程设施防护技术在镁光灯下首次公开亮相。所谓地下工程设施防护技术，就是为地下工程设施披上专门抵抗钻地炸弹的"防弹衣"。如果说核弹是对付敌对军事力量的锐利的"矛"，那么防护工程则是一面坚固的"盾"。坚不可摧的"核盾牌"可以有效遏制敌对势力的核讹诈，有效保卫国家的持久安全和和平。据中国军网报道，一种能抗精确制导武器打击的新型材料由空军某勘察设计所研制成功，其抗精确打击能力是普通材料的10倍，为我国国防工程穿上了坚不可摧的"防弹衣"。科研人员通过弹体攻击实验和对弹体侵袭过程的计算机模拟和材料抗侵袭机理的深入研究，最终确定了钢纤维和活性粉末的最佳试验制配方案。我军首次超高强钢纤维活性粉末混凝土抗侵袭实验数据表明，这一新型材料的强度超过了钢材的强度，极大提高了抗精确制导武器的打击能力。

陈万祥、郭志昆为了探索新型抗钻地武器防护技术，提出了一种由偏航

图 3.1　长沙北辰三角洲跨街天桥

层和基本层构成的活性粉末混凝土（RPC）基表面异形遮弹层，并进行了弹道冲击试验。研究结果表明：由高强度、高韧性 RPC 材料构成的异形体可以有效地诱导来袭弹发生偏转和不同程度的弯曲变形，弹体侵彻威力显著削弱，大大提高了遮弹层的抗侵彻能力。试验后的活性粉末混凝土基本层没有出现大面积冲击弹坑和震塌现象，裂缝浅而少，保持了较好的完整性。如图 3.2、图 3.3 所示。

　　近年来，国内外学者对 RPC 结构的流动性、力学性能和耐久性进行了大

图 3.2 试验靶体

量的研究。1993 年，法国 Bouygues 实验室研制出 RPC。RPC 通过去除粗骨料、优化颗粒级配、凝固后采用热养护、掺加微细的钢纤维、降低水胶比，以获得超高力学性能和高耐久性。Bouygues 公司生产了大跨度预应力混凝土梁、放射性固体废料储存容器等 RPC 产品。韩国首尔利用 RPC 建成步行拱桥。加拿大 Sherbrooke 市建造了一座跨度为 60m 的用于步行和自行车通行的桥梁，该桥的桥面板由 RPC 浇注而成，主体结构采用 RPC 桁架结构，节约了大量钢材。

　　Yazici H 等研究了掺粉煤灰和粒化高炉矿渣的 RPC 在不同养护机制下的力学性能。研究表明，蒸压养护比标准养护的抗压强度显著提高，但抗弯强度和韧性有所降低。N. Roux 等通过 RPC 与普通混凝土试件的对比试验发现，RPC 具有良好的细密性和耐久性。Cheyrezy M 等研究了 RPC 的水化和火山灰反应和养护制度的关系，发现 RPC 在高温养护下，水化产物 C-S-H 凝胶大量脱水，形成硬硅钙石结晶。J. Dugat 等试验研究 RPC200 和 RPC800 的应力-应变特性，发现 RPC 断裂能的大小取决于纤维的掺量，纤维的最佳体积掺量在 2%~3% 之间。刘娟红等对大掺量矿物细粉活性粉末混凝土收缩、耐久性能进

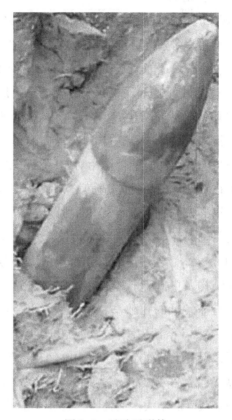

图 3.3 试验后弹体

行了试验研究，发现大掺量矿物 RPC 的早期收缩小、耐久性好。刘斯凤等采用天然细集料、外掺料代替 RPC 中的石英粉和硅灰，制备出抗压强度大于 200MPa 的超高性能混凝土材料。钟世云等采用聚羧酸盐减水剂配制自密实 RPC，研究了聚羧酸盐减水剂掺量、水胶比、粉煤灰替代水泥比例、硅灰替代石英粉比例对 RPC 流动性能及力学性能的影响。吴炎海等研究了 RPC 的流动度、抗折、抗压强度的影响因素；用粉煤灰代替部分水泥，在强度保持不变前提下改善 RPC 的流动度。上官玉明用高活性超细粉替代硅灰、天然砂替代标准砂、标准养护制度替代蒸汽养护，成功配制出免蒸养 RPC。李莉探索了各组分掺量对 RPC 强度和流动度的影响规律，完成了 RPC 简支梁的受力性能试验，提出了 RPC 梁刚度和裂缝计算公式。姚志雄研究了 RPC 的基本力学性能和断裂韧性，分析了 RPC 的断裂机理。

Olivier 等通过热养和蒸养两种方式配制了抗压强度 200MPa 的 RPC 试件，通过试验系统地研究了活性粉末混凝土的抗压强度、弹性模量、抗冻融循环、抗除冰盐腐蚀以及抗氯离子渗透能力。Shaheen Ehab 等对 500MPa 级的活性粉末混凝土带裂缝和无裂缝试件进行了 300 次冻融循环，试件没有破坏的迹象或者表面剥落，说明其耐久性非常优异。未翠霞、宋少民等研究了活性粉末混凝土的耐久性能，指出活性粉末混凝土具有优良的耐久性能。王军强等通过试验研究化学侵蚀与冻融循环的耦合作用对 RPC 性能的影响，发现由于冻融循环加强了氯离子在 RPC 内部的扩散速度，导致 RPC 比氯离子单独作用产生更加严重的破坏。纪玉岩分别对活性粉末混凝土进行了淡水冻融和海水冻融试验，研究结果表明海水环境下活性粉末混凝土的寿命比淡水环境的寿命短 8~10 年。Marcel Cheyrezy、安明喆、Cwirzen 等利用电镜扫描等微观手段对活性粉末混凝土的孔结构及微观形貌、水化产物等进行了研究，发现活性粉末混凝土结构致密，有非常低的孔隙率。何世钦、贡金鑫测试了在持续弯曲荷载作用下的混凝梁在 NaCl 溶液中浸泡后的自由氯离子含量。结果表明，在持续弯曲荷载作用下，混凝土截面产生拉应力，使得混凝土中的微裂缝增多，氯离子扩散速度加快，扩散系数增大。李同乐进行了硫酸盐干湿循环试验，研究发现，随着损伤加载度的增大，活性粉末混凝土的抗折强度呈下降趋势，说明损伤加载加速了混凝土的腐蚀。

3.2　钢管活性粉末混凝土研究现状

RPC 由级配石英细砂、水泥、石英粉、硅灰、超塑化剂和钢纤维组成。未掺钢纤维的 RPC 断裂能低，破坏时呈明显的脆性破坏。如果掺加钢纤维，则不但施工工艺复杂，成本更是急剧增加。掺加钢纤维虽然可以明显改善 RPC 受拉延性，但是对于改善 RPC 受压延性则没有明显效果。此外，增加钢纤维掺量会严重降低新拌混凝土流动度。钢管 RPC 结构可以不掺加钢纤维，利用外层钢管对核心 RPC 进行外约束使核心混凝土的强度提高、塑性和韧性大为改善。将无纤维 RPC 灌入钢管，形成钢管 RPC，则 RPC 受到钢管的有效约束，可以有效地克服 RPC 脆性大和延性差的弱点，显著节省钢纤维，简化施工工艺，并大幅度地降低成本。由于上述优势，钢管 RPC 结构的研究日益受到重视。钢管 RPC 这种构件形式可以减小构件的截面尺寸、增加构件的延性。由于钢纤维的价格较高，无纤维 RPC 比有纤维 RPC 成本要低得多，因而钢管 RPC 具有优良的经济性，是一种有广阔发展前景的结构形式。

Olivier 等通过热养和蒸养两种方式配制了抗压强度 200MPa 的 RPC 试件。试验发现，用钢管对 RPC 试件进行约束可以显著地提高试件的抗压强度和延性。Bonneau O 等研究了"约束活性粉末混凝土"的力学性能，通过钢管约束对 RPC 加压使不掺钢纤维的 RPC 的抗压强度和延性得到很大提高，并有效地降低了 RPC 的造价。闫志刚等采用轴心推出试验方法对钢管 RPC 柱的界面黏结承载力进行试验，建立了钢管 RPC 柱界面黏结承载力有限元分析模型。林震宇等进行了圆钢管 RPC 轴压短柱试验，并分析其荷载–变形曲线、破坏特征，给出了圆钢管 RPC 轴压短柱极限承载力的计算公式。

3.3 活性粉末混凝土的制备原理

活性粉末混凝土是一种同时具有超高强度、高韧性、低渗透性和高体积稳定性的超高性能材料。活性粉末混凝土的配制原理是最紧密堆积理论（densified particle packing），通过对原料的颗粒级配进行优化，使细颗粒填满粗颗粒之间的空隙，再由更细颗粒填满细颗粒之间的空隙，即毫米级颗粒（骨料）之间的空隙由微米级颗粒（水泥、粉煤灰、矿粉）填充，微米级颗粒之间的空隙由亚微米级颗粒（硅灰）填充，进而最大限度地提高基体密实度。据此原理，活性粉末混凝土的原材料平均粒径尺寸在 $0.1\mu m \sim 1mm$ 之间，从而使材料基体更加密实。活性粉末混凝土的制备通常采取以下措施：

1. 提高匀质性

活性粉末混凝土通过以下手段来提高基体的匀质性：

①剔除粗骨料，用细砂代替，减少骨料界面微观缺陷。活性粉末混凝土不使用粒径大于 5mm 的粗骨料，从而消除了粗骨料与硬化胶凝材料浆体之间的过渡区，消除了薄弱区，使活性粉末混凝土的性能大幅提高。

②提高浆体比例和力学性能，减小浆体与骨料弹性模量的差异。

③改善活性粉末混凝土界面过渡区。掺入掺合料，可减小界面区的宽度，

提高界面强度和密实度。

2. 增强密实度

优化活性粉末混凝土的颗粒级配，提高相邻粒级的平均粒径比，使小颗粒填充于大颗粒空隙中。采用高效减水剂，降低拌合物的水胶比。在活性粉末混凝土成型和硬化过程中施加压力，可以有效地减少气孔，挤出浆体中的多余水分，消除由于材料化学收缩引起的部分孔隙。

3. 改善微观结构

通过热养护，可以显著地加速火山灰反应，加快无定形水化产物的形成速率，改善胶凝材料水化产物微观结构，降低活性粉末混凝土基体的孔隙率。

4. 掺纤维增强韧性

以往研究表明，混凝土强度等级越高，脆性越大，掺入适量的钢纤维，可以显著提高混凝土延性。为改善材料的脆性，一般在活性粉末混凝土中掺入适量的钢纤维或其他纤维。

3.4　活性粉末混凝土的制备、配合比及性能

活性粉末混凝土结合了超细粒致密材料与纤维增强材料的优点，具有优异的力学性能和良好的耐久性。RPC 典型组成、配合比和性能见表 3.1，RPC 和 HPC 耐久性对比见表 3.2。

表 3.1　　　　　　　　　　　**RPC 典型组成、配合比和性能**

原材料与配合比（重量比）	RPC200				RPC800	
	无纤维		有纤维		硅质骨料	钢质骨料
硅酸盐水泥	1	1	1	1	1	1
硅灰	0.25	0.23	0.25	0.23	0.23	0.23
砂（粒径 150~600μm）	1.1	1.1	1.1	1.1	0.5	—
磨细石英粉（$d_{50}=10\mu m$）	—	0.39	—	0.39	0.39	0.39
高效减水剂（聚丙烯酸系）	0.016	0.019	0.016	0.019	0.019	0.019
钢纤维（$L_f=12mm$, $d_f=0.15mm$）			0.175	0.175	—	—

续表

原材料与配合比（重量比）	RPC200				RPC800	
	无纤维		有纤维		硅质骨料	钢质骨料
钢纤维（L_f=3mm，不规则形状）	—	—	—	—	0.63	0.63
钢骨料（粒径<800μm）	—	—	—	—	—	1.49
水胶比	0.15	0.17	0.17	0.19	0.19	0.19
成型密实压力（MPa）	—	—	—	—	50	50
热处理（养护）温度（℃）	20	90	20	90	250~400	250~400
性　　能						
抗压强度（MPa）	170~230				490~680	650~810
抗弯强度（MPa）	30~60				45~141	
断裂能（N/m）	20000~40000				12000~20000	
弹性模量（GPa）	50~60				65~75	
极限伸长率（×10⁻⁶）	5000~7000				—	

表 3.2　　　　　　　　　　　**RPC 和 HPC 耐久性对比**

耐久性指标	总体孔隙率	微观孔隙率	渗透性	水分吸收性	氯离子扩散性
RPC 和 HPC 对比	低 4~6 倍	低 4~6 倍	低 4~6 倍	低 4~6 倍	低 4~6 倍

《活性粉末混凝土》（GB/T 31387—2015）将 RPC 混凝土按照力学性能分为 RPC100、RPC120、RPC140、RPC160、RPC180 五个等级，同时对 RPC 的等级分类、性能、材料要求、搅拌、养护等进行了规定。

1. 分类

活性粉末混凝土可分为两类：用于现场浇筑的活性粉末混凝土（代号为 RC）和用于工厂化预制制品的活性粉末混凝土（代号为 RP）。

2. 性能等级

活性粉末混凝土的力学性能等级应符合表 3.3 的规定。

表 3.3   活性粉末混凝土力学性能等级

等级	抗压强度（MPa）	抗折强度（MPa）	弹性模量（MPa）
RPC100	≥100	≥12	≥40
RPC120	≥120	≥14	≥40
RPC140	≥140	≥18	≥40
RPC160	≥160	≥22	≥40
RPC180	≥180	≥24	≥40

注：当对混凝土的韧性或延性有特殊要求时，混凝土的等级可由抗压强度决定，抗压强度不应低于 100MPa。

活性粉末混凝土的耐久性能应符合表 3.4 的规定。

表 3.4   活性粉末混凝土的耐久性能

抗冻性（快冻法）	抗氯离子渗透性（电量法）（C）	抗硫酸盐侵蚀性
≥F500	$Q \leqslant 100$	≥KS120

注：采用电量法测试活性粉末混凝土的抗氯离子渗透性时，试件不应掺加钢纤维等导电介质。

3. 原材料

1）水泥

水泥应符合 GB175 的规定。水泥宜采用硅酸盐水泥或普通硅酸盐水泥。应该选用与超高效或高效减水剂相容性好的水泥。一般来说，低碱、低 C_3A 水泥与减水剂的相容性较好。

2）硅灰

硅灰（Silica fume，SF）是指在冶炼硅铁合金或工业硅时，从烟尘中回收的粉末状产品，外观颜色为灰白色或者白色，主要成分为无定形 SiO_2，含量可达 90% 左右，粒径一般小于 0.1μm，有很高的火山灰活性。硅灰与水泥的比例以 0.25 较好，硅灰极细的颗粒形态起到良好的填充效果，使得浆体结构更密实；高纯度的非晶态 SiO_2 与水泥水化生成的 $Ca(OH)_2$ 发生二次水化反应，产生大量水化硅酸钙 C-S-H 凝胶，能显著增强浆体与骨料间的界面黏结，提高活性粉末混凝土的强度和耐久性。硅灰应符合 GB/T27690 的规定。

3）粒化高炉矿渣粉

粒化高炉矿渣粉（blast furnace slag powder）是粒化高炉矿渣经干燥、粉磨达到规定细度且具备规定活性的粉末状材料。粒化高炉矿渣粉作为混凝土和水泥制品的掺合料，可以大幅度提高水泥混凝土强度、致密性和抗渗性。粒化高炉矿渣粉中玻璃态的活性 SiO_2、Al_2O_3，经过机械粉磨进一步激发活性，与水泥水化产物 $Ca(OH)_2$ 发生二次水化反应，生成大量水化硅酸钙 C-S-H 凝胶、水化铝酸钙 C-A-H 凝胶，可以大幅度提高活性粉末混凝土强度、密实性和抗渗性。粒化高炉矿渣粉应符合 GB/T18046 的规定，宜采用 S95 及以上等级的粒化高炉矿渣粉。

4）粉煤灰

粉煤灰（Fly Ash）是发电厂以煤粉做燃料，从煤粉炉烟气中搜集下来的细颗粒粉末。它的粒径一般为 $1\sim50\mu m$，呈玻璃态实心或空心球状。粉煤灰的活性成分主要是活性氧化硅和活性氧化铝，这些成分能与水泥水化产生的氢氧化钙缓慢进行二次水化反应，即所谓的火山灰效应，生成具有胶凝性能的水化硅酸钙、水化铝酸钙，填充在骨料之间形成致密的水泥石。由于粉煤灰特有的空心球形态可以产"滚珠"作用，能够改善混凝土拌合物的和易性。粉煤灰应符合 GB/T1596 的规定，宜采用Ⅰ级粉煤灰。

5）外加剂

活性粉末混凝土的水胶比低，因而需要使用缓凝效果不显著的高效减水剂。减水剂应符合 GB 8076 和 GB 50019 规定，减水剂的减水率宜大于 30%。目前，在活性粉末混凝土中使用最多的减水剂是聚羧酸系高效减水剂。

6）骨料

（1）RPC120 以上等级的活性粉末混凝土所用骨料宜为单粒级石英砂和石英粉，性能指标应符合表 3.5 的规定。石英砂应分为粗粒径砂（1.25～0.63mm）、中粒径砂（0.63～0.315mm）和细粒径砂（0.315～0.16mm）三个粒级；不同粒级石英砂的超粒径颗粒含量限制值应符合表 3.6 的规定。石英粉中公称粒径小于 0.16mm 的颗粒的比例应大于 95%，其颗粒粒径正好位于石英砂与胶凝材料之间，有助于形成连续级配。

表 3.5 石英砂和石英粉的技术指标

项　　目	技术指标（%）
二氧化硅含量	≥97
氯离子含量	≤0.02
硫化物及硫酸盐含量	≤0.50
云母含量	≤0.50

表 3.6 不同粒级石英砂的超粒径颗粒含量

粒级要求	1.25~0.63mm 粒级		0.63~0.315mm 粒级		0.315~0.16mm 粒级	
	≥1.25mm	<0.63mm	≥0.63mm	<0.315mm	≥0.315mm	<0.16mm
超粒径颗粒含量（%）	≤5	≤10	≤5	≤10	≤5	≤5

（2）石英砂和石英粉的筛分试验应符合 JGJ52 的规定；石英砂和石英粉的二氧化硅含量检验应符合 JC/T874 的规定；石英砂和石英粉的氯离子含量、硫化物及硫酸盐含量、云母含量检验方法应符合 JGJ52 的规定。

（3）RPC120 及以下等级的活性粉末混凝土，对于强度的要求较低，因此对于骨料的要求较低，可选用级配Ⅱ区的中砂，从而降低混凝土的成本。砂中公称粒径大于 5mm 的颗粒含量应小于 1%。天然砂的含泥量、泥块含量应符合表 3.7 的要求，人工砂的亚甲蓝试验结果（MB 值）应小于 1.4，石粉含量应符合表 3.8 的要求。

表 3.7 天然砂的含泥量和泥块含量

项　　目	含泥量（%）	泥块含量（%）
指　　标	≤0.5	0

表 3.8 人工砂的石粉含量

亚甲蓝 MB 值	石粉含量
MB>1.0	≤5.0%
1.0≤MB≤1.4	≤2.0%

7）纤维

混凝土材料是典型的脆性材料，具有抗拉强度小、韧性小的固有缺陷。在混凝土中掺入少量纤维，利用纤维具有的较大的抗拉强度和断裂韧性，能大大改善混凝土的抗拉性能，提高混凝土的抗折强度，并呈数量级地增加混凝土的韧性。纤维是活性粉末混凝土的重要原材料之一。在活性粉末混凝土组成材料中，纤维的成本最高。使用异型钢纤维（端钩、大端头、压痕、波纹、扭转等）能够提高纤维握裹力或机械性黏结强度，使用长径比较大的微细纤维可增大纤维的黏结力和握裹力。这些方法，能有效地利用钢纤维的抗拉强度，提高钢纤维的抗裂纹、增韧效率。如图 3.4 所示。

图 3.4　钢纤维

（1）钢纤维应采用高强度微细纤维，其性能指标应符合表 3.9 的规定。

表 3.9　　　　　　　　　　　　钢纤维的性能指标

项　　目	性能指标
抗拉强度（MPa）	≥2000
长度（12~16mm 纤维比例）[a]（%）	≥96
直径（0.18~0.22 纤维比例）[b]（%）	≥90

项　　目	性能指标
形状合格率（%）	≥96
杂质含量（%）	≤1.0

注：a. 50根试样的长度平均值应在12~16mm范围内。

b. 50根试样的直径平均值应在0.18~0.22mm范围内。

（2）活性粉末混凝土中掺加的有机合成纤维应符合GB/T21120的规定，并通过试验确认活性粉末混凝土性能达到本标准的要求和设计要求。有机纤维指聚乙烯醇（PVA）、聚乙烯（PE）、聚丙烯（PP）等有机纤维。

8）拌合用水

拌合用水应符合JGJ63的规定。

4. 搅拌

合理的投料与搅拌程序以及高效率的搅拌机，能够保证活性粉末混凝土各组分搅拌均匀，并尽可能多地去除活性粉末混凝土拌合物的气泡，提高活性粉末混凝土的密实度。

（1）活性粉末混凝土应使用强制式搅拌机。如双卧轴式、盘式及带刮铲的行星式搅拌机，不得选用单轴搅拌机。

（2）搅拌应保证活性粉末混凝土拌合物质量均匀；同一盘混凝土的匀质性应符合GB50164的规定。

（3）搅拌时的投料顺序宜为骨料、钢纤维、水泥、矿物掺合料，干料先预搅拌4min，加水和外加剂后再搅拌4min以上；或投入固态混合物，加水和外加剂后再搅拌4min以上。混凝土搅拌机的下料装置上应有防止钢纤维结团的装置。

（4）活性粉末混凝土拌合物的出机工作性应根据施工方式与运输距离而定。

5. 运输与浇筑

（1）混凝土搅拌运输车应符合GB/T26408的规定。对于寒冷、严寒或炎热的气候情况，混凝土搅拌运输车的搅拌罐应有保温或隔热措施。运输车在运输时，应保证活性粉末混凝土拌合物均匀并不产生分层、离析。翻斗车应仅限用于运送坍落度小于80mm的活性粉末混凝土拌合物。

（2）混凝土搅拌运输车在装料前，应将搅拌罐内积水排尽，装料后严禁向搅拌罐内的活性粉末混凝土加水。

（3）活性粉末混凝土拌合物从搅拌机卸入搅拌运输车至卸料时的时间不宜长于90min，如需延长运送时间，应采取有效技术措施，并通过试验验证。当采用翻斗车运输时，运输时间不宜长于45min。活性粉末混凝土拌合物的运输应保证混凝土浇筑的连续性。

（4）用于现场浇筑的活性粉末混凝土（代号为RC）应采用分层浇筑，每层浇筑厚度不宜大于300mm，层间不应出现冷缝。

（5）用于工厂预制制品的活性粉末混凝土（代号为RP）浇筑应采用平板振捣器或模外振捣器振捣成型。浇筑和成型过程中应保证活性粉末混凝土密实、纤维分布均匀以及构件的整体性，避免出现拌合物离析、分层以及纤维裸露出构件表面。

6. 养护

1）RC类活性粉末混凝土的养护制度

浇筑完成后，应尽早覆盖，保湿养护7d以上。RC类活性粉末混凝土在同条件养护试件的抗压强度达到20MPa后拆模。养护时环境平均气温宜高于10℃，当环境平均气温低于10℃或最低气温低于5℃时，应按冬季施工过程处理，采取保温措施。

2）RP类活性粉末混凝土的养护制度

成型后，应进行蒸汽养护，养护过程分为两种方式：

养护方式一：静停、初养、拆模、终养及自然养护；

养护方式二：静停、升温养护及自然养护，蒸汽养护温度控制宜采用自动控制系统。

（1）养护方式一：

静停：RP类活性粉末混凝土成型后应进行静停。静停时的环境温度应在10℃以上、相对湿度在60%以上，静停时间不应少于6h。

初养：静停完毕的活性粉末混凝土构件应进行蒸汽养护，升温速度不应大于12℃/h，升温至40℃后，保持恒温（40±3℃）24h或直至同条件养护试件的抗压强度达到40MPa。再以不超过15℃/h的降温速度降至构件表面温度与环境温度之差不大于20℃的温度范围内。初养过程的环境相对湿度应保持在70%以上。

拆模：活性粉末混凝土构件应在初养结束后拆模。拆模时构件表面温度与环境温度之差不应大于20℃。

终养：拆模后的活性粉末混凝土构件应再次进行蒸汽养护，升温速度不应大于12℃/h，升温至70℃后，保持恒温（70±5℃）48h以上或直至同条件养护试件的抗压强度达到设计值。再以不超过15℃/h的降温速度降至构件表面温度与环境温度之差不大于20℃的温度范围内，并控制降温过程中混凝土表面不应快速出现裂缝或裂纹。养护结束后，拆除保温设施。终养过程的环境相对湿度应保持在95%以上。

自然养护：活性粉末混凝土构件终养结束后应进行自然养护，自然养护时的环境平均气温宜高于10℃，构件表面应保持湿润不少于7d。当环境平均气温低于10℃或最低气温低于5℃时，应按冬季施工处理，采取保温措施。

（2）养护方式二：

静停：RP类活性粉末混凝土成型后应进行静停。静停时的环境温度应在10℃以上、相对湿度在60%以上，静停时间不应少于6h。

升温养护：静停完毕的活性粉末混凝土构件应进行蒸汽养护，升温速度不应大于12℃/h，升温至70℃后，保持恒温（70±5℃）72h或直至同条件养护试件的抗压强度达到设计值，再以不超过15℃/h的降温速度降至构件表面温度与环境温度之差不大于20℃的温度范围内。升温养护过程的环境相对湿度应保持在95%以上。升温养护结束后可拆模。拆模时构件表面温度与环境温度之差不应大于20℃。

自然养护：活性粉末混凝土构件终养结束后，应进行自然养护，自然养护时的环境平均气温宜高于10℃，构件表面应保持湿润不少于7d。当环境平均气温低于10℃或最低气温低于5℃时，应按冬季施工处理，采取保温措施。

3.5　活性粉末混凝土的配合比设计

活性粉末混凝土配合比设计应考虑结构形式特点、施工工艺以及环境作用等因素。应根据混凝土工作性能、强度、耐久性以及其他必要性能要求计算初始配合比。设计配合比应经试配、调整，得出满足工作性要求的基准配合比，并经强度等技术指标复核后确定。

活性粉末混凝土配合比设计宜采用绝对体积法。

当需要改善活性粉末混凝土的密实性时，宜增加粉体材料用量；当需要改善拌合物的黏聚性和流动性时，宜调整减水剂的掺量。

活性粉末混凝土的配制强度应按下式计算：

$$f_{cu,0} \geqslant 1.1 f_{cu,k} \tag{3.1}$$

式中：$f_{cu,0}$——活性粉末混凝土的配制强度，单位为兆帕（MPa）；

$f_{cu,k}$——要求的活性粉末混凝土的力学性能等级对应的立方体抗压强度等级值，单位为兆帕（MPa）。

活性粉末混凝土的水胶比、胶凝材料用量和钢纤维掺量宜符合表 3.10 的规定。掺加有机合成纤维时，其掺量不宜大于 1.5kg/m³。

表 3.10　　活性粉末混凝土的水胶比、胶凝材料用量和钢纤维掺量

等级	水胶比	胶凝材料用量（kg/m³）	钢纤维体积掺量（%）
RPC100	≤0.22	≤850	≥0.7
RPC120	≤0.20	≤900	≥1.2
RPC140	≤0.18	≤950	≥1.7
RPC160	≤0.16	≤1000	≥2.0
RPC180	≤0.14	≤1000	≥2.5

硅灰是最细的粉体材料，且活性很高，在填充微细空隙和增加水化产物、提高浆体致密度方面有重要作用。硅灰用量不宜小于胶凝材料用量的 10%；为了保证适宜的凝结时间和足够的早期强度发展速率，水泥用量不宜小于胶凝材料用量的 50%。胶凝材料用量超过 1000 kg/m³ 后，活性粉末混凝土的强度并不随之增加，所制备的混凝土的收缩会增大，而且成本增加，使得混凝土的性价比降低。

骨料体积的计算应为混凝土总体积减去水、胶凝材料和钢纤维的体积，以及含气量得到。骨料的总用量应由骨料体积乘以骨料的密度得到。骨料各个粒级的相对比例宜遵循最密实堆积理论，并经过试配，确认拌合物的工作性能满足要求后确定。必要时可掺加适量石英粉，改善硬化混凝土的密实性。

第四章 滤水混凝土的试验研究

4.1 前言

进入 21 世纪以来，为满足人类社会追求可持续发展的需要，混凝土技术日益向高性能、绿色化方向迅猛发展。吴中伟院士认为，合理利用资源，保护环境及保持生态平衡的绿色高性能混凝土（green high performance concrete）将是多少代混凝土工作者的奋斗目标，是混凝土的发展方向，更是混凝土的未来。他指出，绿色高性能混凝土应具有下列特征：更多地节约熟料水泥，减少环境污染；更多地掺加工业废渣为主的掺合料；更大幅度发挥高性能的优势，减少水泥与混凝土用量。

吴中伟院士在绿色高性能混凝土的特征中，特别强调了以工业废渣为主的掺合料的作用，这主要是因为以工业废渣为主要组分的矿物掺合料不仅能满足混凝土高性能的要求，而且更能体现混凝土的绿色含量和可持续发展的战略。以工业废渣为主的掺合料在混凝土中的大量应用，首先它意味着混凝土的生产降低了工业废渣自身的环境污染及土地资源浪费；其次它减少了胶结材中水泥的用量，从而间接地减少了由于生产水泥而导致的能源、资源消耗及环境污染；另外，由于它能在一定程度上提高混凝土的性能，延长了混凝土的使用寿命，减少了维护及重建所需的水泥及混凝土用量，也间接地节约了资源、能源，降低了环境污染。粉煤灰是目前使用最多的矿物掺合料。在混凝土中掺加粉煤灰具有诸多优点，不仅改善混凝土的工作性，并且能够使硬化后混凝土更加密实，提高混凝土的抗裂抗渗性能，改善其耐久性。

混凝土外加剂由于能使混凝土性能和功能得到显著的改善和提高，因此，已被人们称为混凝土的第五组分，亦被认为是混凝土工艺和应用技术上继 19 世纪中叶和 20 世纪初的钢筋混凝土、预应力混凝土之后的第三次重大突破。然而，迄今为止，混凝土外加剂的绿色化还没有得到足够的重视。

目前，我国所用的高效减水剂 90% 仍以萘系为主，但萘被认为可能是致癌物质，且萘在生产过程中对环境污染严重，因而限制了其发展。相关文献[95,96,97]表明，在混凝土尤其是高性能混凝土中，化学外加剂是影响其收缩变形、体积稳定性的一个重要因素。木质素系普通减水剂、萘磺酸盐系、磺化三聚氰胺系、脂肪族系、氨基磺酸盐系等高效减水剂，都存在与水泥的适应性问题，因为水泥品种成分不同，减水率相差很大。除了聚羧酸系高效减水剂外，其他非萘系高效减水剂的合成都涉及甲醛等有害物质的使用，对环境产生污染，不利于可持续发展。三聚氰胺减水剂由于其生产、库存、运输成本较高，反应条件严格，质量难以控制，其应用和发展受到限制，在我国很难得到广泛的应用。

在新拌混凝土浇筑过程中，混凝土拌合物为了获得良好的流动性，往往需要加入较多的水，而水泥完全水化所需结合水仅为水泥量的 23%，多余的水在水泥硬化后或残留在水泥石中，或蒸发而使混凝土内形成各种不同尺寸的孔隙，这些孔隙会大大地减少混凝土抵抗荷载作用的有效断面，特别是在孔隙周围易产生应力集中现象。因此，水灰比愈小，水泥石强度及其与集料的黏结强度愈大，混凝土强度愈高。但水灰比过小，混凝土拌合物过于干硬，不易浇筑，不能满足混凝土拌合物的工作性要求，这就造成了混凝土施工的大水灰比要求与为满足混凝土强度要求需要小水灰比凝结之间的矛盾。为解决这一问题，实现混凝土的优良工作性并保证强度要求，主要有两个途径：传统的方法是添加化学外加剂拌制流态混凝土，但由此产生污染环境、浪费资源、影响混凝土的长期性能以及增加混凝土造价等一系列问题；另一种方法是改善施工工艺，不添加外加剂，仅以大水灰比来实现混凝土的优良工作性。

本研究就是为了满足混凝土绿色化发展趋势的要求，提出一种不添加任何化学外加剂，并且大量使用工业废弃物粉煤灰作为掺合料的绿色混凝土施工技术——滤水混凝土施工技术，解决混凝土的大水灰比施工与小水灰比凝结之间的矛盾。滤水混凝土是一种不添加任何外加剂，大水灰比施工、小水灰比固结，具有良好的流动性和滤水性的混凝土。滤水混凝土运用材料过程工程学原理，通过改变混凝土施工过程的资源流、能源流，提高混凝土的工作性能。滤水混凝土利用混凝土拌合物微泌水但不离析，采用大水灰比施工，通过调整水灰比、水泥用量、粉煤灰掺量，使滤水混凝土具有良好的流动性和滤水性能。与传统混凝土施工相比，对于工作性要求不同之处在于，传统混凝土要求满足流动性、黏滞性和保水性，而滤水混凝土则侧重于流动性，不要求保水性，而是要求混凝土微泌水，以便于混凝土滤除多余水分。通过滤水技术将混凝土中的多余水分排除，使混凝土的凝结水灰比满足强度要求，保证了混凝土的强度和耐久性。

滤水混凝土具有免振捣、自密实、不需要添加外加剂、施工简便、经济合理等优点，是一种绿色高性能混凝土，因而对其进行深入研究很有必要。

本实验配制了多种配合比滤水混凝土，研究分析了水灰比、水泥用量、粉煤灰掺量等多种因素对滤水混凝土的流动性和滤水性的影响，发现水灰比是其主要影响因素；并发现在一定范围内掺加粉煤灰可以提高滤水混凝土的流动性。通过对比相同配合比滤水、未滤水混凝土立方体试块28天抗压强度发现由于采用滤水技术降低了混凝土试块的凝结水灰比，滤水混凝土试块的抗压强度得到提高。

实验结果表明，通过对混凝土施工过程中资源和能源的优化组合，有效地提高了混凝土的性能。由于滤掉混凝土中的多余水分并产生渗滤密实效应，混凝土的强度和耐久性得以提高，实现了混凝土的功能改善，优化了混凝土的价值流；通过大量添加工业废弃物粉煤灰，实现了资源的再利用并提高了混凝土的流动性；通过调整混凝土驻点要素（水灰比、粉煤灰掺量、水泥用量），提高了混凝土的流动性和滤水性；由于本实验不使用任何外加剂，因而解决了由于使用外加剂带来的污染问题、体积稳定性不良、造价较高等问题，节省了能源、资源，适应了洁净化生产的要求。

4.2 试验

4.2.1 配合比

1. 试验装置

试验采用铁管网浇筑混凝土滤水，形状如图 4.1 所示。$H = 32\text{cm}$，$R = 7.5\text{cm}$。实验装置如图 4.2 所示。

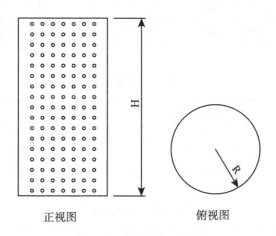

正视图　　　　　　　　俯视图

图 4.1　滤水试件示意图

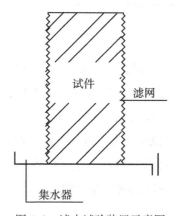

图 4.2　滤水试验装置示意图

2. 试验原材料

本试验中所采用水泥为大连小野田 P.Ⅰ 52.5R 硅酸盐水泥，化学成分及力学性能分见表 4.1 和表 4.2，细集料采用河砂，表观密度 2650kg/m³，粗集料采用粒径不大于 20mm 的碎石，表观密度 2750km³，粉煤灰采用大连北海头热电厂Ⅱ级粉煤灰，化学成分及性能见表 4.3。

表 4.1　　　　　　　　　　水泥化学及物理性能

水泥品种	比表面积（m²/kg）	初凝（min）	终凝（min）	安定性	MgO（%）	SO₃（%）	不溶物（%）	烧失量（%）	碱含量（%）（Na₂O+0.658K₂O）
52.5	362	154	210	合格	1.20	2.49	0.48	1.04	0.56

表 4.2　　　　　　　　　　水泥力学性能

水泥品种	抗压强度（MPa）		抗折强度（MPa）	
	3d	28d	3d	28d
52.5	36.1	65.7	7.5	9.6

表 4.3　　　　　　　　粉煤灰化学成分及性能　　　　　　　（单位:%）

SiO₂	Al₂O₃	Fe₂O₃	MgO	CaO	SO₃	细度	含碳量	需水量比
51.42	38.00	5.21	0.81	2.60	0.31	23.83	3.63	105

3. 实验方法

滤水混凝土是一种微泌水混凝土，实验要求其施工水灰比大、泌水率大。传统混凝土工作性要满足流动性、黏滞性和保水性，滤水混凝土则只侧重于流动性，不要求保水性。实验通过增加混凝土拌合物的水灰比、添加工业废弃物粉煤灰提高其流动性和滤水性，通过减少细骨料的含量，增加其泌水率。根据实验要求测定混凝土拌合物的塌落度、滤水量、泌水量和泌水率。用塌落度桶测拌合物塌落度，用量筒测量拌合物滤水量。

4. 实验结果

实测混凝土拌合物的表观密度为 2323kg/m³。各配合比混凝土塌落度见表

4.4，累计滤水量 Q 见表4.5。

表4.4　　　　　　　　　　　配合比和塌落度

序号	水灰比	用水量 (kg/m^3)	水泥 (kg/m^3)	砂 (kg/m^3)	石 (kg/m^3)	粉煤灰 (kg/m^3)	塌落度 (mm)
1	0.55	231	420	616	1145	0	33
2	0.75	243	324	580	1164	73	145
3	0.80	243	304	568	1155	93	180
4	0.75	228	304	568	1155	93	165
5	0.75	228	304	560	1155	104	180
6	0.70	213	304	560	1155	104	160
7	0.65	197	304	554	1155	114	80
8	0.67	204	304	560	1155	114	50
9	0.50	197	394	578	1149	93	10
10	0.47	185	394	578	1149	104	10
11	0.67	204	304	555	1156	104	180
12	0.67	204	304	544	1156	104	162
13	0.54	223	415	559	1017	125	70
14	0.65	198	304	555	1156	104	70

表4.5　　　　　　　　　　　累计滤水量

t (min)	配合比 3		配合比 5		配合比 6	
	Q (ml)	Qe (ml)	Q (ml)	Qe (ml)	Q (ml)	Qe (ml)
5	13	32	20	29	8	14
10	26	52	36	44	13	26
15	39	62	46	54.5	18	34
20	50	—	52.5	61	22	41
25	58	—	—	—	26	46
30	66	—	—	—	30	51.5
35	—	—	—	—	33	—

4.2.2　立方体抗压强度

为了比较未滤水和滤水混凝土的力学性能，采用抗压强度作为评定指标。试验了各配合比未滤水和滤水混凝土立方体试块各 2 组，标准养护 28 天，测其 28 天立方体抗压强度，见表 4.6。

表 4.6　　　　　　　　　　　　抗 压 强 度

序号	水灰比	未滤水试件	滤水试件			强度提高
		f_c（MPa）	f_c（MPa）	滤水时间（min）	Q（ml）	百分率（%）
1	0.8	18.8	21.4	15	62	13.8
2	0.7	30.5	31.56	30	51.5	3.48

注：Q 为试件的累计滤水量，f_c 为试件 28 天立方体抗压强。

4.3　因素分析

4.3.1　滤水混凝土流动性影响因素分析

混凝土的流动性（flowability）是指混凝土拌合物在本身自重或施工机械作用下能产生流动，并均匀密实地填满模板的性能。混凝土拌合物的流动性是混凝土施工中的重要性能指标。

滤水混凝土是依靠混凝土自身的重力而不需要任何捣实外力而达到自密实、自流平的一种混凝土。滤水混凝土是大流动性混凝土，滤水混凝土的塌落度要求在 160mm 以上，才能保证混凝土拌合物具有良好的填充性、密实性、均匀性。

1. 单位用水量影响

混凝土单位用水量对混凝土拌合物流动性的影响如图 4.3 所示。从图 4.3 可以看出滤水混凝土的单位用水量对混凝土拌合物的流动性有很大影响，单位用水量越大，混凝土的流动性越好。

混凝土拌合物的水泥浆，赋予混凝土拌合物一定的流动性和黏滞性。当原材料相同，各组分用量变化不大时，混凝土拌合物的流动性取决于用水量。

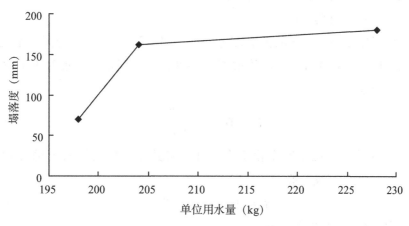

图 4.3　单位用水量对塌落度影响图

单位体积拌合物内，如果用水量越大，则拌合物的流动性就愈大。这是因为，用水量越大，水泥浆体越稀、黏度越小，而且浆体的体积也增加，因而，混凝土拌合物的流动性加大。

配合比 5、12、14 的水泥用量和粉煤灰掺量均相同，当单位用水量从 198kg 增加到 204kg 再增加到 228kg 时，塌落度从 70mm 增加到 162mm，再增加到 180mm。

新拌混凝土可以近似认为是一种 Bingham 体。因此，根据流变力学原理，新拌混凝土的流变方程可以表达为

$$\tau = \tau_0 + \eta_p \frac{d\gamma}{dt}$$

式中：τ——剪应力；

　　　τ_0——屈服剪应力；

　　　η_p——粘塑性系数；

　　　$\frac{d\gamma}{dt}$——剪切率或速度梯度。

新拌混凝土的工作性通常由塌落度试验确定。混凝土的塌落是由于自重而引起的变形。文献［102］首先推导出塌落度与屈服剪应力的关系公式：

$$T = 30 - \frac{\tau_0}{K\rho} \tag{4.1}$$

式中：ρ——混凝土拌合物表观密度；

$\quad\quad K$——试验常数。

然后根据 Tomas 推导的关系式 $\tau_0 \propto S_V{}^n$ 即极限剪应力 τ_0 与固体浓度的 n 次方成正比，而新拌混凝土固体浓度为 $1-W$，得出塌落度与混凝土单位用水量 W 的关系公式：

$$T = 30 - \frac{(1-W)^n}{K\rho} \tag{4.2}$$

因为混凝土表观密度变化不大，可忽略其差异性对塌落度的影响，式（4.2）可进一步写成一般式：

$$T = 30 - K(1-W)^n \tag{4.3}$$

式中：T——塌落度，cm；

$\quad\quad W$——单位用水量，g/cm^3；

$\quad\quad K$——试验常数。

考虑掺合料的添加对混凝土的工作性的影响，可以得到下式：

$$T = 30 - k_0 \left(1 + \frac{\beta F}{C_t}\right)^a (1-W)^b \tag{4.4}$$

式中：$C_t = (1-\alpha)C$，C 为水泥用量；

$\quad\quad \alpha$——水泥水化程度，反映塌落度的经时损失；

$\quad\quad \beta$——掺合料的胶凝系数，表示 $1m^3$ 混凝土中加入质量为 F 的粉煤灰，能对混凝土强度做出相当于 βF 份水泥的贡献，同时有 $(1-\beta)F$ 份粉煤灰在混凝土中的起到微集料作用。β 对塌落度影响较大，β 越大，则经时损失越严重。

当水泥和掺合料的品种和用量一定时，$\left(1 + \dfrac{\beta F}{C_t}\right)^a$ 为一常数，式（4.4）可以写成与式（4.3）相同的形式。

由图 4.4 可见，单位用水量与塌落度之间存在明显的统计相关性，表明式（4.3）与试验结果十分吻合。

2. 水灰比影响

水灰比对混凝土拌合物流动性的影响如图 4.5 所示。

从图 4.5 可以看出，滤水混凝土的流动性主要与水灰比有关，水灰比越大，混凝土的流动性越好。

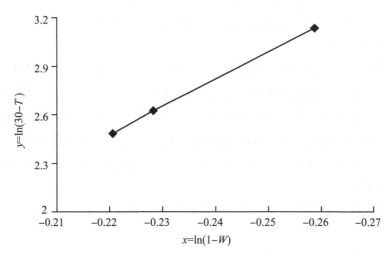

图 4.4 单位用水量与塌落度之间的关系

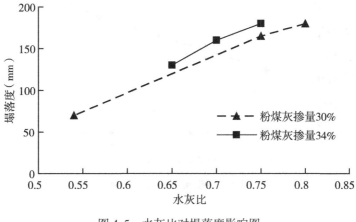

图 4.5 水灰比对塌落度影响图

当粉煤灰掺量为 30%，水灰比从 0.80 降到 0.75，再降到 0.54 时，塌落度从 180mm 降到 165mm，再降到 70mm。

当粉煤灰掺量为 34%，水灰比从 0.75 降到 0.70，再降到 0.65 时，塌落度从 180mm 降到 160mm，再降到 130mm。

当单位用水量一定时，水灰比增大意味着水泥浆增多，单位体积拌合物内，如果水泥浆愈多，则拌合物的流动性就愈大。英国的 D. W. Hobbs 认为，水泥浆悬浮体只有在有足够的流体填充于颗粒之间以及流体数量足以使颗粒隔离时，屈服剪切应力 τ_0 变小，混凝土才有很好的流动性。

3．粉煤灰影响

粉煤灰是我国目前排放量最大的工业废料，对环境没有不利影响，能非常显著地改善新拌混凝土的工作性能，减少混凝土需水量，提高混凝土的密实性，减少塌落度损失，延长初凝时间，因而有利于混凝土滤水。混凝土中掺加粉煤灰后，如果采用相同的用水量，混凝土拌合物的塌落度明显提高。粉煤灰可以改善混凝土拌合物的工作性主要是由于粉煤灰具有球形玻璃体的光滑表面形状。

粉煤灰掺量对混凝土拌合物流动性的影响如图 4.6 所示。

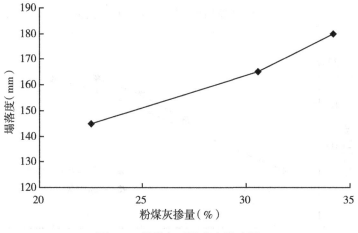

图 4.6　粉煤灰对塌落度影响图

由图 4.6 可见，当粉煤灰掺量从 22.5% 增加到 30.6%，再增加到 34.2% 时，混凝土拌合物的塌落度从 145mm 增加到 165mm，再增加到 180mm，这证明适量掺加粉煤灰在水灰比相同的前提下可以提高混凝土拌合物的流动性。

粉煤灰改善新拌混凝土的流动性主要体现在粉煤灰的形态效应和"解絮"作用两个方面。

粉煤灰的形态效应主要表现在粉煤灰中的玻璃微珠的滚轴效应和细微颗粒的微集料效应两个方面。粉煤灰的形态效应降低了混凝土拌合物的屈服剪

切应力 τ_0，使其流动性提高，从而赋予混凝土的良好的流动性。由于粉煤灰微粒的作用，使水泥浆体中颗粒均匀分散，扩大了水泥水化空间和水化产物的生成场所，从而促进了初期水泥水化反应。因此，形态效应既直接影响新拌混凝土的流变性质，也直接影响硬化中混凝土的初始结构。

粉煤灰微粒的"解絮"作用是指粉煤灰能够像化学减水剂那样，吸附于水泥颗粒的表面，使水泥浆体中水泥颗粒均匀分散，从而改善了新拌混凝土的和易性，起到类似化学外加剂的减水作用。由于粉煤灰充填于水泥颗粒之间，使之"解絮"扩散，并将水泥絮凝团包围的水释放出来，因而增大了混凝土拌合物的流动性。

周茗如 1997 年所做的实验发现，粉煤灰掺量小于 30% 时，可以提高混凝土的流动性；当粉煤灰掺量大于 30% 时，粉煤灰掺量越大，混凝土拌合物的流动性反而降低得越多。这说明粉煤灰有最佳掺量，在一定范围内掺加粉煤灰，可以提高混凝土的流动性，但是如果超出这一范围，过量掺加粉煤灰，则反而降低混凝土的流动性。

一般认为，细度较大的矿物掺合料，对混凝土混合料流动性的影响有这样一个特点：随掺合料掺量的增加，掺合料的矿物减水剂作用的发挥使流动性不断提高，但掺量增加到一定量后，混凝土混合料的流动性会逐渐降低，也就是说，因掺合料比表面积的增大而增加的用水量超过了掺合料的减水作用。

4.3.2 滤水混凝土滤水性影响因素分析

1. 水灰比影响

水灰比对混凝土拌合物滤水性的影响如图 4.7 所示。

从图 4.7 可以看出滤水混凝土滤水性主要与水灰比有关，水灰比越大，混凝土的滤水性能越好、滤水速度越快。配合比 5、配合比 6 水泥用量、砂石含量、粉煤灰掺量相同，当水灰比从 0.75 降到 0.70 时，累计滤水量大幅下降。

新拌混凝土的滤水性能主要取决于孔隙率的大小以及孔隙的连通性和滤水路径的曲折性。而孔隙对于水泥石来说主要由水灰比来决定，水灰比大，则残留多余水所形成的空隙就多，所以水灰比的减少，使混凝土拌合物的滤

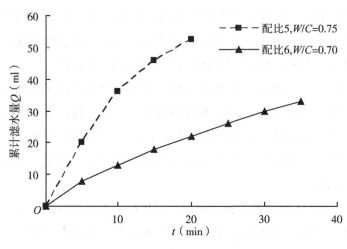

图 4.7　水灰比对累计滤水量影响图

水速度降低。

2. 粉煤灰影响

粉煤灰掺量对混凝土拌合物滤水性的影响如图 4.8 所示。

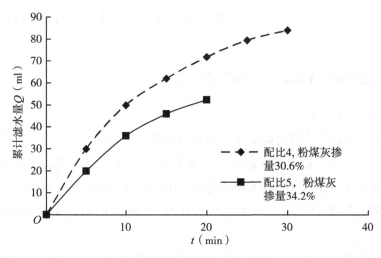

图 4.8　粉煤灰对累计滤水量影响图

由图 4.8 可见，当粉煤灰掺量从 30.6% 增加到 34.2% 时，混凝土拌合物的累计滤水量大幅下降，这是由于粉煤灰的微集料填充效应减少了孔隙体积和较粗的孔隙，填充了毛细管的孔道，使毛细孔的连通性变差。

粉煤灰的微集料效应是指粉煤灰微细颗粒均匀分布于水泥浆体的基相之中，就像微细的集料一样。粉煤灰颗粒在水泥浆体中分散状态良好，有助于新拌混凝土和硬化混凝土均匀性的改善，也有助于混凝土中孔隙和毛细孔的填充和"细化"。粉煤灰作为微集料填充在水泥浆的孔结构中，使微观结构变得均匀致密，降低了混凝土拌合物的渗透性。

3. 水泥用量影响

实验发现，水泥用量越少，混凝土拌合物的滤水性能越好。水泥用量与混凝土拌合物的渗透系数、黏度系数有关，因而直接影响混凝土滤水效果。水泥用量越小，拌合物的滤水效果越好，滤水速度和滤水量也越大。

4.3.3 滤水混凝土泌水性影响因素分析

混凝土拌合物经振捣之后，在凝结硬化的过程中，伴随着粒状材料的下沉所出现的部分拌合水上浮至混凝土表面的现象，叫做泌水。

产生泌水的原因是水、胶凝材料以及粗细集料之间存在密度的差别，在重力作用下，混凝土拌合物中的胶凝材料颗粒向下运动，水向上迁移。

滤水混凝土要求有大的流动性和较好的泌水能力。本实验配合比 3 和配合比 5 的塌落度均为 180mm，配合比 5 的泌水量 B_a 为 $5.532 \times 10^{-3} \mathrm{ml/mm}^2$，泌水率 B 为 16.36%；配合比 3 的泌水量 B_a 为 $4.05 \times 10^{-3} \mathrm{ml/mm}^2$，泌水率 B 为 11.03%。比较配合比 3 和配合比 5，配合比 5 的砂子用量比配合比 3 少，粉煤灰用量比配合比 3 多，配合比 5 的泌水率比配合比 3 的要大。

一般来说，水灰比越大、粗骨料越多、砂子越少，砂子越细泌水量越大。

一般认为，粉煤灰的掺加，有利于减少混凝土的泌水。不过有很多研究者的实验结果显示，粉煤灰混凝土的泌水率大于同塌落度的普通混凝土。Yamato 等 1983 年通过对不同配合比粉煤灰混凝土和普通混凝土的泌水率进行试验，在保证所有的拌合物塌落度为 10cm 的情况下，发现粉煤灰混凝土的泌水率明显高于普通混凝土。普通混凝土的泌水率在 1.89% ~ 2.17% 的范围内，而粉煤灰混凝土在 3.82% ~ 4.16% 的范围内。

由试验可见，滤水混凝土有着较大的泌水率，是微泌水混凝土，这有利于滤出混凝土拌合物中的多余水分，从而有效地保证了混凝土的强度和耐久性。

4.3.4　滤水混凝土试件渗透系数分析

1. 渗透系数的公式法

材料的渗透性是材料本身的一种特性。亲水性多孔材料的渗水（或其他液体）是毛细孔吸水饱和与压力水透过的连续过程。渗透性可由 Darcy 定律来描述。渗透性是反映多孔材料本身特性的一个物化参量，与多孔材料的孔隙率和组成多孔材料的颗粒比表面积有关。对于混凝土来说，渗透性与混凝土的孔隙率及其组分的比表面积有关，与流经混凝土的流体无关。

渗透系数 K 是 Darcy 定律中的重要参数，它反映了孔隙介质的透水性能，也称为导水率。渗透系数 K 的物理意义可以理解为单位水力坡度下的渗流速度。根据 Darcy 定律可知，渗透系数为

$$K = \frac{nR^2\gamma_W}{8\eta} \tag{4.5}$$

式中：R——毛细孔半径；

$\quad\quad\ n$——孔隙率；

$\quad\quad\ \gamma_W$——水泥浆的容重；

$\quad\quad\ \eta$——水泥浆的黏度。

假定材料的孔隙率 n 和毛细孔半径 R 与孔洞的体积和其面积的比值成正比，则

$$R = \frac{kn}{A_0(1-n)}$$

式中：A_0——组成多孔材料的颗粒比表面积（表面积/体积）。

如果认为有效的或开放面积是 nA，则

$$K = \frac{\gamma_w}{8\eta}\frac{k^2 n^3}{A_0^2(1-n)^2}$$

由以上描述可知，渗透性是反映多孔材料本身特性的一个物化参量，与多孔材料的孔隙率和组成多孔材料的颗粒比表面积有关。对于混凝土来说，渗透性与混凝土的孔隙率及其组分的比表面积有关，与流经混凝土的流体无

关。也就是说，用不同流体介质得到的混凝土的渗透系数，如由气体得到的混凝土的渗透系数和由液体得到的混凝土的渗透系数虽然量纲和数值不同，但所反映的却是混凝土的同一个性质，即混凝土的渗透性，而不能称作某介质的渗透性。

滤水混凝土是一种富含了大量的水泥净浆与砂浆，粗骨料颗粒则悬浮在砂浆中的悬浮、密实的分散体系。滤水混凝土拌合物的堆积是粒径较大的粗骨料形成骨架，粒径较小的骨料以及砂填充粗骨料形成的空隙，胶凝材料以及水填充细骨料形成的空隙。水泥浆体在混凝土中的流动可以看成一种液体在无数由细骨料形成的有微小孔径的管路中的流动。由此，我们可以把新拌混凝土中的孔隙看成一系列横纵交错的管道，水泥浆就相当于在由细骨料组成的管道中流动。所以，我们在研究滤水混凝土的渗流过程中，就可以直接研究水泥浆体在管路中的流动速度。

Einstein 观察溶液黏度的变化关系并指出，由于溶质的溶解，溶液黏度通常都高于溶剂（溶媒）的黏度；相对黏度（ η_{rel} ）的定义为溶液黏度（ η ）对溶媒黏度的（ η_0 ）比值（或悬浮液黏度或悬托液体黏度的比值），即

$$\eta_{\text{rel}} = \frac{\eta}{\eta_0} \tag{4.6}$$

Einstein 方程式为

$$\eta_{\text{rel}} = 1 + 2.5 C_v \tag{4.7}$$

式中： C_v ——溶质（固体）的体积分数，如采用质量分数（浓度） C_w ，要进行换算，而 $C_{v=} C_w$/密度。

在水泥浆中，可以把水泥颗粒看作溶质，把水看作溶媒（溶剂）。水泥净浆适用修正的 Brinkman 方程式：

$$\eta_{\text{rel}} = \left(1 - \frac{C_V}{C}\right)^{-K} \tag{4.8}$$

式中： C_v ——溶质（固体）的体积分数，如采用质量分数（浓度） C_w ，要进行换算， $C_v = C_w /$ 密度；

　　　　 C ——为颗粒在集合体中的体积浓度，即水泥的绝对体积百分率；

　　　　 K ——水泥颗粒集合体的形状系数，其数值是体积分数 C_v 和水泥细度的函数。

村田二郎 1992 年提出将 $K \sim C_v$ 近似理解为直线关系并忽略水泥细度的微小影响的简化公式：

$$\eta_{rel} \left(1 - \frac{C_V}{C}\right)^{-(15.6C_V - 11.2)}$$ (4.9)

η 主要与水泥的细度、水泥浓度有关。水泥浓度即水泥的固体体积百分率对 η 的影响，实际上就是水灰比的影响。随着水灰比增大，固体体积减少，η 迅速降低。在相同水灰比情况下，随着水泥比表面积增大，水泥水化速度加快，水泥活性较大，η 相应增大。水灰比越小的浆体，水泥细度对 η 影响越明显。当水灰比大于 2 时，水泥细度几乎对 η 没有影响。当水泥细度一定时，η 与水灰比的变化符合如下回归方程（当 $S = 521.3 \mathrm{m^2/kg}$ 时）：

$$\eta = 1.104 \exp\left(\frac{11.70}{1 + 3.13 \frac{W}{C}}\right) \quad (r = 0.97)$$ (4.10)

2. 试验确定渗透系数

由 Darcy 定律得：

$$\mathrm{d}q = K \frac{h}{\mathrm{d}r} r \mathrm{d}\theta \mathrm{d}h$$

分离变量，积分后得

$$\int \mathrm{d}q \int_0^R \frac{\mathrm{d}r}{r} = K \int_0^{2\pi} \mathrm{d}\theta \int_0^H h \mathrm{d}h$$

而

$$q = K \frac{2\pi \frac{h^2}{2}}{LnR} = K \frac{\pi H^2}{LnR}$$ (4.11)

则

$$K = \frac{LnR}{\pi H^2} q$$ (4.12)

式中：K——渗透系数，单位为 cm/s；

$\quad\quad q$——单位时间流量，单位为 $\mathrm{cm^3/s}$；

$\quad\quad R$——圆柱体半径；

$\quad\quad H$——圆柱体高，单位为 cm。

根据式（4.12）计算混凝土渗透系数 K。比较各配比渗透系数，见图 4.9、图 4.10。图 4.9 中渗透系数 K 为滤水 5 分钟时的渗透系数。

由图 4.9 可以发现，K 主要与水灰比有关，K 随水灰比增加而增大。图

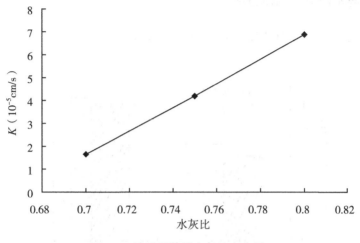

图 4.9　渗透系数随水灰比变化图

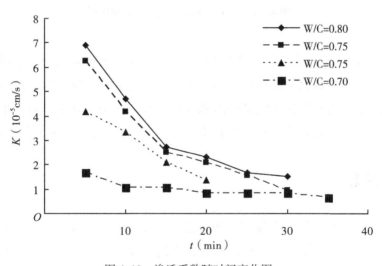

图 4.10　渗透系数随时间变化图

4.10 表明 K 随时间增长呈下降趋势。这是由于随时间增长，混凝土拌合物的累计滤水量增大，水灰比减少，同时，由于水泥水化时间增长，混凝土拌合物自由含水量减少、贯通毛细孔减少，滤水路径增长，滤水速度下降、滤水量减少。

4.3.5　滤水混凝土强度分析

未滤水、滤水试件强度对比如图 4.11 所示。

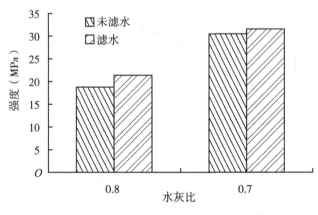

图 4.11　滤水、未滤水试件强度对比图

从图 4.11 可以看出，经过滤水后，由于凝结水灰比降低及滤水混凝土的渗滤密实效应，试块强度均有提高。滤水技术对水灰比较大的试件的强度提高较明显。因为水灰比大的试件滤水效果比水灰比小的显著，而且水灰比大的试件其基准强度较低，故经滤水后强度提高率较水灰比小的试件要大。

4.4　结论

（1）本书探索性研究发现，通过滤掉混凝土中的多余水分并产生渗滤密实效果，混凝土的抗压强度得以提高，为进一步把电渗滤水技术引入到滤水混凝土中奠定了基础。

（2）滤水混凝土的流动性和滤水性主要与水灰比、水泥用量和粉煤灰掺量有关。

（3）滤水混凝土具有优良的流动性和滤水性能，巧妙地解决了混凝土为满足大流动性要求的大水灰比施工和满足强度和耐久性需要的小水灰比固结之间的矛盾。该技术不需要振捣，不添加任何外加剂，不产生噪声和环境污染，掺加大量工业废料粉煤灰，是一种绿色环保高性能混凝土。

（4）滤水混凝土施工技术简便易行、经济合理，有广阔的发展前景，可以将本技术进一步推广到大坝混凝土这类需要大水灰比施工，而不要求很高强度的大体积混凝土施工中。

（5）滤水混凝土施工技术通过滤掉混凝土中的多余水分并产生渗滤密实效应，提高混凝土的抗压强度。但单纯依靠重力滤水，滤水速度较慢，滤水对混凝土强度的提高作用较为有限，仅对水灰比较大的试件有明显的提高作用。为保障滤水混凝土的强度和耐久性，将电渗技术引入到滤水混凝土施工技术中，进一步提高滤水效率，有十分重要的意义。

第五章　电渗技术在滤水混凝土中的应用研究

5.1　前言

流态混凝土因其优越的流动性和密实填充性而得以广泛应用。但由于需要添加化学外加剂，因而存在着浪费资源和能源、污染环境以及因化学外加剂与水泥适应性问题而影响混凝土的长期性能，甚至还提高混凝土的造价等缺点。

大水灰比混凝土不采用任何外加剂，仅靠大水灰比来满足混凝土施工的大流动性要求。但是为了满足强度和耐久性的要求，必须在其凝结前部分排除其中的施工拌合水。目前实现这一目的的施工方法有两种：一是模网混凝土施工技术。模网混凝土具有敞开式空间网架结构，具有显著的渗滤效应，可以将施工中的多余拌合水迅速通过蛇皮网孔排掉，减少混凝土的水灰比。二是真空混凝土施工技术。真空作业法是借助于真空负压原理抽出一部分多余水和空气，降低水灰比，同时使混凝土密实成型的方法。

但是限于模网技术的发展，其渗滤效应还不能充分发挥；真空技术虽在近年来得到了很大的发展，但是由于施工复杂、设备昂贵，所以还只是在混凝土质量要求较高的工程中应用。

本研究将电渗技术和滤水混凝土施工技术有机结合，将电渗技术引入到混凝土大水灰比施工中，利用水泥水化产生的双电层导电性能，采用电渗技术，使混凝土中的多余水分向阴极聚集，从而使混凝土的水灰比明显减少，解决混凝土工程中施工要求的大水灰比与使用性能要求的小水灰比之间的矛盾问题。由于滤掉混凝土中的多余水分并产生渗滤密实效应，混凝土的强度和耐久性得以提高，实现了混凝土的功能改善，优化了混凝土的价值流；通过大量添加工业废弃物粉煤灰，实现了资源的再利用并提高了混凝土的流动性；通过调整混凝土驻点要素（水灰比、粉煤灰掺量、水泥用量），提高了混凝土的流动性和滤水性；由于电渗滤水技术不使用任何外加剂，因而解决了由于使用外加剂带来的污染问题、体积稳定性不良、造价较高等问题，节省了能源、资源，适应了洁净化生产的要求。采用电渗滤水技术实质是增加了 E_e，相当于提高了滤水水头，因而可以提高滤水速度。这样，可以在初凝前完成滤水，以免留下滤水孔道，降低混凝土的强度和耐久性。电渗伴生的微小颗粒电泳现象又能有效减少滤水孔道，有利于混凝土的耐久性。

本章研究分析了电渗滤水混凝土的主要影响因素，发现水灰比和电压是影响电渗滤水的主要因素。实验表明，通过采用电渗技术可以显著提高滤水效率，大幅度提高混凝土试件的抗压强度。电渗技术可以加快滤水速度，伴生的微小颗粒电泳现象又能有效减少滤水孔道，有利于保证混凝土的耐久性。本章通过对电渗机理进行深入分析，给出了可供施工参考的简单的电渗滤水计算公式和电渗滤水混凝土配合比设计方法，计算公式与实验结果符合良好。电渗滤水混凝土技术经济合理、简便易行、高效环保，是一种有广阔发展前景的绿色混凝土施工技术。

5.2 电渗技术简介

电渗（electroosmosis）是指在外加电场的作用下，固体表面相对固定不动，而扩散层携带溶液与其一起运动时产生的现象。电渗技术广泛应用于岩土工程软弱地基加固、生物制药和采油工程中，是一种安全环保、简便易行的成熟的施工技术。长久以来，电化学广泛应用在混凝土的性能测试和养护工程中。目前，还没有将电渗技术应用于混凝土施工中的相应报道。电渗滤水混凝土施工技术是王立久教授首先提出的专有技术，并获得了国家发明专利。

自从 150 多年前俄国学者 Reuss 通过实验发现电渗现象以来，人们对电渗作用的理论和实践进行了一系列的总结和研究。20 世纪中叶，人们开始注意到电渗在岩土工程中的应用问题。L. Casagrande（1994）首先将电渗用于排水和边坡稳定，后来他（1952）又将其用于土的加固；Gray 和 Mitchell（1967）

阐述了电渗效率的原理；Esrig（1968）进一步提出了电渗固结的理论；Veder（1981）研究了土层中自动电位对边坡稳定性的影响。1997 年，L. Jared West 等用电渗法对含硝酸铅的污染土进行了清洗，同年，J. Q. Shang 和 K. Y Lo 对含磷肥的黏土进行了成功的电渗净化，这开辟了电渗技术在环保领域应用的新天地。20 世纪 50 年代末，我国同济大学等单位开始研究电渗用于工程，解决了宝山钢厂铁水包基础开挖、上海真北立交基础施工等难题，完成了海口市龙珠大厦地下室，以及珠江发电厂泵房的开挖、边坡支护、软基加固施工任务。

5.2.1　电渗机理

分散介质在电场作用下的定向运动，称为电渗。

水泥加水后，表面的矿物如 C_3A 和 C_3S 被溶解而向液相扩散。其中，Ca^{2+} 比 ALO_3^{3-} 和 SiO_5^{2-} 的扩散速度更快，因此水泥表面的阴离子浓度高于阳离子浓度，形成负电层。扩散的 Ca^{2+} 和溶液中的其他阳离子再吸附在水泥颗粒表面，形成双电层。混凝土拌合物中存在许多毛细孔道，毛细孔壁表面带有负电荷，而孔壁周围的水膜中的水分子带正电，这层水膜称为双电层。双电层外面的水称为自由水，它在动力作用下可以流动。当对混凝土拌合物施加外电场后，由于毛细孔壁是固定的，双电层中的正离子向阴极迁移，同时对溶剂施加单向推力，使之同向流动，产生电渗。通过电渗作用，不断把混凝土拌合物中的多余水分滤掉，降低了水灰比，使混凝土强度得以提高。电渗滤水原理如图 5.1 所示。

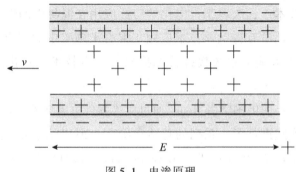

图 5.1　电渗原理

5.2.2 电渗技术优点

电渗滤水的优点是在混凝土施工过程中在不使用任何外加剂的情况下，实现了混凝土的优良工作性，达到"大水灰比施工，小水灰比凝结"的目的，且施工简便，是一种崭新的绿色混凝土施工方法；由于不掺加任何外加剂，解决了外加剂带来的环境污染、混凝土长期性能不稳定等问题，并且可以显著降低成本；由于大水灰比施工，因而满足混凝土的触变性要求，浇筑完成后是半固体，浇筑过程中是流体，所以基本不用振捣，减少了噪音对环境的污染；由于电渗滤水使混凝土的凝结水灰比变小，混凝土强度得以提高。采用电渗滤水技术实质是增加了 E_e，相当于提高了滤水水头，因而可以提高滤水速度。这样可以在初凝前完成滤水，以免留下滤水孔道，降低混凝土的强度和耐久性。电渗时由于水的流动把气泡带走，可以使混凝土更加密实。

5.3 电渗滤水试验

5.3.1 试验原材料

本章混凝土试验中试件 1~6 所采用水泥为大连小野田 P.Ⅰ 52.5R 硅酸盐水泥，试件 7~10 为大连小野田 P.O 42.5R 硅酸盐水泥，化学成分及力学性能分见表 5.1 和表 5.2。细集料采用河砂，表观密度 2650kg/m³，粗集料采用粒径不大于 20mm 的碎石，表观密度 2750kg/m³，粉煤灰采用大连北海头热电厂Ⅱ级粉煤灰。

表 5.1   水泥化学及物理性能

水泥品种	比表面积（m²/kg）	初凝（min）	终凝（min）	安定性	MgO（%）	SO₃（%）	不溶物（%）	烧失量（%）	碱含量（%）（Na₂O+0.658K₂O）
42.5R	338	152	207	合格	1.05	2.30	0.7	2.65	0.54
52.5R	362	154	210	合格	1.20	2.49	0.48	1.04	0.56

表 5.2   水泥力学性能

水泥品种	抗压强度（MPa）		抗折强度（MPa）	
	3d	28d	3d	28d
42.5R	33.1	57.2	6.8	9.3
52.5R	36.1	65.7	7.5	9.6

5.3.2　试验装置

试验中电渗滤水试件为内外双层管网，外层为铁管网或建筑模网，内层为漏孔铝管，试件形状如图 5.2 所示。

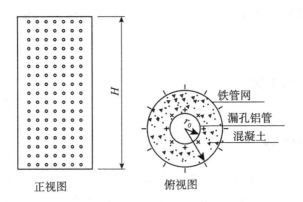

正视图　　　　　　　　俯视图

图 5.2　电渗滤水试件示意图

管高 $H = 32\text{cm}$，内管半径 $r_0 = 3\text{cm}$，外管半径 $R = 7.5\text{cm}$。

试验中外层网外加滤布，以防水泥浆渗漏。试验装置如图 5.3 所示。

5.3.3　试验方法

为实现电渗滤水，试验配制了各种配合比自由滤水混凝土。传统混凝土工作性要满足流动性、黏滞性和保水性。自由滤水混凝土则只侧重于流动性，不要求保水性。自由滤水混凝土的塌落度要求在 160mm 以上。滤水混凝土配合比、塌落度见表 5.3。

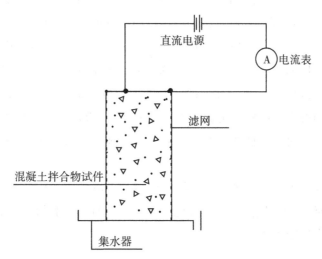

图 5.3 电渗滤水试验装置示意图

表 5.3 混凝土配合比和实测塌落度

试件编号	水灰比	用水量 （kg/m³）	水泥 （kg/m³）	砂 （kg/m³）	石 （kg/m³）	粉煤灰 （kg/m³）	实测塌落度 （mm）
1	0.80	243	304	568	1155	93	180
2	0.75	228	304	560	1155	104	180
3	0.70	213	304	560	1155	104	160
4	0.75	228	304	568	1155	93	165
5	0.67	204	304	560	1155	114	50
6	0.67	204	304	555	1156	104	180
7	0.80	243	304	568	1155	93	220
8	0.55	229	415	559	1117	125	160
9	0.55	229	415	559	1117	125	160
10	0.67	204	304	555	1156	104	200

注：试件 8 掺加水泥用量 0.1% 的 ZnO。

试验中，电渗滤水混凝土试件是以外层管网作为阴极排水，漏孔铝管作为阳极。阴、阳极分别用电线连接成通路，并对阳极施加直流电流，采用WYJ 直流稳压电源提供直流电压。应用电压比降使带负电的粒子向阳极移动，带正电荷的孔隙水则向阴极方向集中产生电渗现象。采用漏孔铝管作为阳极要比一般所采用的无孔铝管适当，因为漏孔铝管有助于在阳极附近气体的排出，而气体的排出是有利于导电的。试验中控制直流电源电压，因为直流电会使混凝土内的水分电解。电解水的反应一般在 12V 或 12V 以上，所以，如果电压太大，此时的电能主要用来电解水，只有少量的电能用来作为电渗的驱动力。

根据试验要求测定混凝土拌合物的塌落度、电渗和自由滤水累计滤水量、电压 U、电流 I。用塌落度桶测拌合物塌落度，用量筒测量拌合物滤水量，用万能表测拌合混凝土 U、I。

5.3.4　试验结果

电渗滤水和自由滤水累计滤水量见表 5.4。

表 5.4 　　　　　　　　　　　　累计滤水量

T（min）	配合比 1		配合比 2		配合比 3	
	Q（ml）	Qe（ml）	Q（ml）	Qe（ml）	Q（ml）	Qe（ml）
5	13	32	20	29	8	14
10	26	52	36	44	13	26
15	39	62	46	54.5	18	34
20	50	—	52.5	61	22	41
25	58	—	—	—	26	46
30	66	—	—	—	30	51.5
35	—	—	—	—	33	—

注：Q 为自由滤水试件的累计滤水量，Q_e 为电渗滤水试件的累计滤水量。

为了比较采用电渗滤水和自由滤水混凝土的力学性能，采用抗压强度作为评定指标。电渗滤水和自由滤水混凝土立方体试块各 4 组，标准养护 28天，测其 28 天立方体抗压强度，见表 5.5。

表 5.5   抗 压 强 度

| 序号 | 水灰比 | 未电渗试件 | 电渗试件 | | | 强度提高 |
		f_c（MPa）	f_{ce}（MPa）	电渗时间（min）	Q_e（ml）	百分率（%）
1	0.80	20.98	31.73	20	54	51.23
2	0.75	22.04	28.76	20	54.5	30.49
3	0.67	32.9	41.8	20	27	27.05
4	0.65	34.22	37.29	25	24	8.97

注：Q_e为试件的累计滤水量，f_c为自由滤水试件28天立方体抗压强度，f_{ce}为电渗滤水试件28天立方体抗压强度。

5.4 电渗滤水试验分析

5.4.1 单位时间滤水量分析

单位时间滤水量随时间变化如图 5.4 所示，随电流强度变化如图 5.5 所示。

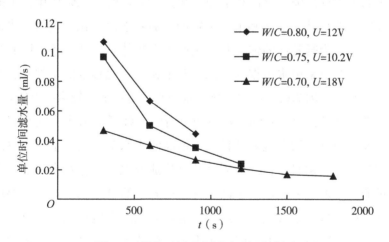

图 5.4 单位时间滤水量随时间变化图

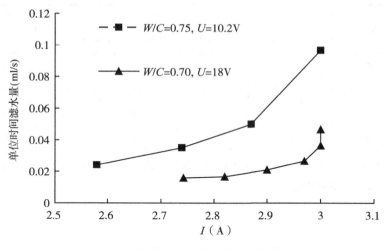

图5.5 单位时间滤水量随电流变化图

由图5.4可见，单位时间滤水量随水灰比减少而减少，随时间增长而逐渐下降。这与由式（5.14）所得结论相一致。

由式（5.3）可以知道，增加水泥浆的水灰比，相当于水泥浆中水的电解质浓度降低，双电层浓度增加，动电电位增加，单位时间滤水量也相应增加。

水泥石的渗透性随水化的程度而变化。在新拌的水泥浆体中，水的流动是由水泥颗粒的尺寸、形状和浓度决定的。随着水泥水化的进行，渗透性迅速降低。这是因为凝胶体的体积几乎是原水泥粉体积的2.1倍，因而凝胶体逐渐填充了一些原来由水占据的孔隙。对于相同水化程度的水泥石，其渗透性取决于水灰比，因为较大的水灰比，水泥水化时留下了较多的毛细孔。

由图5.5可见，单位时间滤水量随电流强度降低而减少，这是因为电流是电渗的驱动力，增加电流强度相当于抬高滤水水头，提高了拌合物的滤水速度。产生电渗必须具备：固液界面并且形成双电层，存在自由水，溶液中存在电解质，施加直流电场。由此可见，混凝土的电渗滤水速度主要取决于混凝土孔隙中的自由水含量、溶液中的电解质浓度和电流强度。自由水含量越大、电解质浓度越高、电流强度越大则电渗滤水速度越快。水灰比和水化程度决定了混凝土孔隙中的自由水含量多少，而且控制了毛细孔的量，随水化程度增长拌合物贯通的毛细孔减少，滤水途径增长，所以水灰比的减少和龄期的增长均使混凝土拌合物的滤水速度降低。

5.4.2　电压分析

从图 5.6 可以看出，电势分布大致呈线性。靠近阳极电势下降比较大，其原因是阳极附近周围的水在电渗的作用下被排出，混凝土拌合物的电阻随之增大，同时，随着时间的增长，这种现象也越明显。

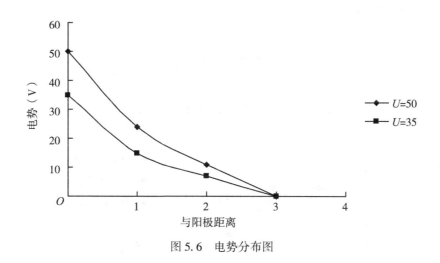

图 5.6　电势分布图

由图 5.7 可以看出，随着电压的提高，电渗滤水速度明显加快，滤水量相应提高。电渗流是在电场里的驱动下，使带负电的粒子向阳极移动，带正电荷的孔隙水则向阴极方向集中的电致渗流现象，电场增强可以加快滤水速度。由式（5.3）可知，电渗滤水速度与电压成正比，与电极间距成反比。极距缩小，电压增大，都将加速水的排出，提高电渗滤水效率。

5.4.3　电流强度分析

电流强度随时间变化如图 5.8 所示。

由图 5.8 可见，拌合物的电流强度与电压成正比，与时间成反比。随着电渗的进行，混凝土拌合物的自由水不断减少，拌合物的电阻增大、电导率下降，电流强度逐渐减少。这本质上也相当于混凝土拌合物渗透水渗透速度随时间在减小。

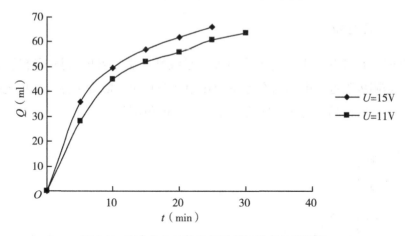

图 5.7 配合比 1 试件电压对累计滤水量影响图

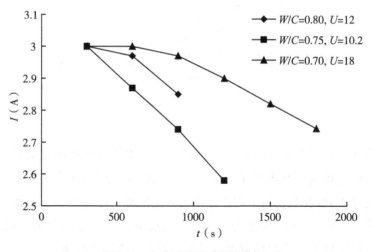

图 5.8 电流强度随时间变化图

5.4.4 自由滤水、电渗滤水混凝土试件的累计滤水量比较

自由滤水混凝土试件、电渗滤水混凝土试件的累计滤水量结果如图 5.9 所示。

从图 5.9 可以看出,采用电渗技术后,混凝土试件滤水量加大、滤水速

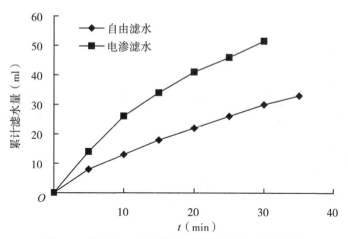

图 5.9　配合比 3 自由滤水、电渗滤水滤水量比较

度显著提高。电渗滤水是自由水在电场作用下发生定向运动，是电致滤水。电流是电渗滤水的驱动力，单位时间滤水量随电流强度增加而增加。采用电渗技术既相当于抬高滤水水头，也避免单独高水位渗滤引起的不良作用。电渗后滤水速度加快，但伴生的微小颗粒电泳现象又能有效减少滤水孔道，有利于混凝土的耐久性。

5.4.5　掺 ZnO、未掺 ZnO 电渗滤水混凝土试件的累计滤水量比较

随水化程度增长拌合物的自由水含量降低，贯通的毛细孔减少，滤水途径增长，电渗滤水速度降低。电渗滤水必须在水泥初凝前完成，以免形成渗滤孔道，影响混凝土的强度和耐久性。为延缓水泥水化速度，在混凝土拌合物中加入水泥质量 0.1% 的 ZnO。

由图 5.10 可见，试件 8 掺 0.1%ZnO 后，缓凝效果显著。由于 ZnO 的缓凝作用，电渗滤水 20 分钟后掺 ZnO 的试件 8 的滤水速度远远大于未掺 ZnO 的试件 9 的滤水速度。

水泥的凝结时间与水泥矿物的水化速度、水泥-水胶体体系的凝聚过程、加水量有关。当水泥颗粒水化后，其水化产物大部分在 100Å 以下，具有胶团结构，双电层和动电电位 ζ。在水泥颗粒表面，吸附层中为 Ca^{2+} 离子，在扩散层中主要有 Ca^{2+}，Na^+，K^+，H^+ 等阳离子和一些阴离子，随着扩散层中阳

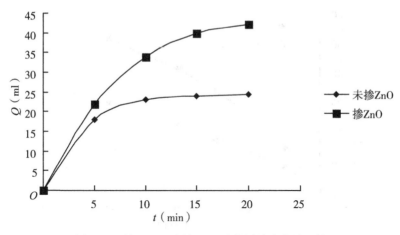

图 5.10　掺 ZnO、未掺 ZnO 试件累计滤水量比较

离子浓度不断扩大，双电层压缩、ζ 电位降低，到 ζ 电位降到一定值（<0.03V时，水泥水化质点开始凝聚，最后逐渐达到终凝状态。

　　ZnO 能够延缓混凝土凝结时间，并对其后期强度无不良影响。ZnO 溶于水中生成离子，被水泥颗粒吸附生成溶解度很小的薄层，使 C_3A 的水化和钙矾石的形成过程被延缓。

5.4.6　电导率影响因素分析

　　混凝土的电导率可以反映混凝土的导电能力，因而也是衡量电渗滤水混凝土滤水性能的重要指标。电导率的物理意义是长度为 lm，电极面积各为 $1m^2$ 时导体的电导。

　　由 $I = Ac\dfrac{\partial U}{\partial r}$，得：

$$dI = 2\pi rHc\frac{\partial U}{\partial r}$$

而 $I\displaystyle\int_{r_0}^{R}\frac{dr}{r} = \int_{0}^{U}2\pi HcdU$，由此可得

$$I\ln\frac{R}{r_o} = 2\pi HcU$$

则
$$c = \frac{I\ln\dfrac{R}{r_o}}{2\pi HU}$$
(5.1)

式中：c——混凝土电导率，单位 $\Omega^{-1}m^{-1}$。

由式（5.1）可见，混凝土电导率 C 与电流强度 I 成正比，与电压 U 成反比。

根据式（5.1）计算混凝土试件的电导率，比较各配比混凝土电导率，结果如图 5.11、图 5.12 所示。

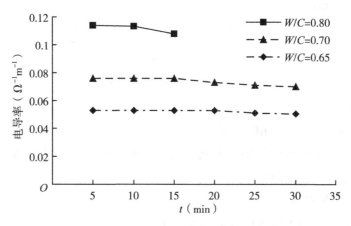

图 5.11　水化时间、水灰比对电导率影响图

1. 水化时间和水灰比影响

水化时间和水灰比对电导率影响如图 5.11 所示。

由图 5.11 可见，电导率随时间增长呈下降趋势，但是下降趋势十分平缓。这是由于随着水泥不断水化、电渗滤水量的增加，混凝土试件中的自由水含量不断减少。

由图 5.11 可以看出，混凝土的电导率随水灰比减少而减少。混凝土导电主要是空隙液导电的结果，取决于空隙率。而空隙率对于水泥石来说，主要由水灰比来决定。混凝土的电导率主要与混凝土孔隙中的自由水含量和溶液中的离子浓度有关。影响电介质浓度的因素有水泥水化程度和由水灰比控制的毛细管水含量。水泥浆体属典型的强电解质溶液，其导电作用的离子主要

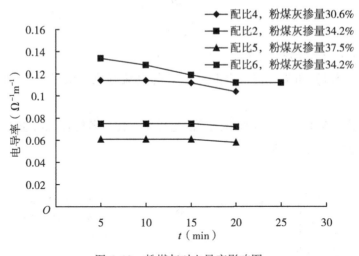

图 5.12 粉煤灰对电导率影响图

包括 K^+, Na^+, Ca^{2-}, OH^-, SO_3^{2-} 等。

水灰比和水化程度控制了毛细孔的量，所以水灰比的减少和龄期的增长均使混凝土拌合物的电导率减少。

2. 粉煤灰影响

粉煤灰掺量对电导率影响如图 5.12 所示。

由图 5.12 可见，比较配比 4、2，随粉煤灰掺量从 93kg/m³ 提高到104kg/m³，电导率提高。这证明，适量掺加粉煤灰在水灰比相同的前提下，可以提高混凝土拌合物的电导率。这是因为适量掺加粉煤灰可以提高溶液的电介质浓度，而且在混凝土中掺加适量粉煤灰可以延缓混凝土的初凝，有利于混凝土拌合物的电渗滤水。

比较配合比 5 和配合比 6，水灰比相同，水泥用量相同，配合比 5 的粉煤灰掺量从 104kg/m³ 提高到 114kg/m³，混凝土拌合物的电导率降低。这说明粉煤灰有最佳掺量，在一定范围内掺加粉煤灰可以提高混凝土的电导率，但是如果超出这一范围，过量掺加粉煤灰反而降低混凝土的电导率。这首先由于粉煤灰的微集料填充效应减少了孔隙体积和较粗的孔隙，填充了毛细管的孔道，使毛细孔的连通性变差；粉煤灰的掺量影响混凝土拌合物孔溶液的离子数量。混凝土是由水泥浆体作为基材胶结骨料而成的混合体。由于骨料的电阻比孔溶液的电阻高出几个数量级，可将混凝土的电导模型视为无导电性的骨料包裹在借助孔溶液离子导电的水泥浆体中。粉煤灰掺量较小时，孔溶液的电导率随粉煤灰掺入的变化受两种效应相反的机理影响：一方面，由于粉煤灰的掺加使溶液中水泥熟料水解的离子减少，而且，随着水化的深入，包裹在未水化水泥颗粒外的水化产物薄膜（双电层）对 K^+、Na^+、Ca^{2+}、OH^- 有一定的吸附作用，这种作用使溶液中离子数目减少，电导率下降；另一方面，粉煤灰的掺入使拌合料的水化进程延迟，上述溶液中离子的被吸附量减少，因此，电导率趋于上升。当粉煤灰掺量继续增大时，电导率开始下降。

5.4.7　水泥品种影响分析

水泥品种对混凝土拌合物的滤水量的影响如图 5.13 所示。

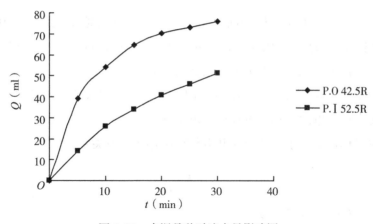

图 5.13　水泥品种对滤水量影响图

试件 1、6 采用 P.Ⅰ 52.5R 硅酸盐水泥，试件 7、10 采用 P.O 42.5R 硅酸盐水泥。

试件 1 和试件 7 配合比相同，由于 P.Ⅰ 52.5R 硅酸盐水泥颗粒比较细，因而比表面积较大，水化迅速，需水量加大，试件 1 的塌落度为 180mm，小于试件 7 的 220mm；试件 6 和试件 10，配合比相同，试件 6 的塌落度为 180mm，小于试件 10 的 200mm。

由图 5.13 可以看出，试件 6 和试件 10 配合比相同，由于 P.Ⅰ 52.5R 硅酸盐水泥水泥颗粒细、比表面积大，水化迅速，因而试件 6 的累计滤水量小于试件 10 的滤水量。

根据第四章研究可知，水泥浆的渗透性与水泥浆的黏度有关，水泥浆的黏度越大，水泥浆的渗透性越小。水泥浆的黏度主要与水泥的细度、水泥浓度有关。在相同水灰比情况下，随着水泥比表面积增大，水泥水化速度加快，水泥活性较大，水泥浆的黏度相应增大，混凝土拌合物的渗透量随之降低。水灰比越小的浆体，水泥细度对水泥浆的黏度影响越明显。

5.5　电渗滤水理论分析

5.5.1　电渗滤水理论

目前，电渗技术在工程中的运用主要是用于软弱地基处理上。1968 年，Esrig 提出了电渗的一维固结理论；1976 年 Wan 和 Mitchell 对 Esrig 理论进行了修改；1973 年 Lewis 提出了电渗固结的数值解法。

电渗是一种耦合流，是在电位作用下产生的孔隙水流动现象。除产生电渗外，还会产生电泳、离子电迁移等电化学现象。

在电场作用下，水流的流速和电势梯度存在以下关系：

$$V_e = K_e \frac{\partial E}{\partial X} \tag{5.2}$$

式中：K_e——电渗系数；

V_e——水流的流速；

$\frac{\partial E}{\partial X}$——电势梯度。

电渗系数是电渗技术中一个非常重要的参数，与水力渗透系数相似，它表明单位电力坡降作用下引起的水渗透速度。K_e 与水泥颗粒的矿物、化学成分、电解质浓度、温度及通电方式有关。

实验表明，影响水泥浆电渗效应的因素有电力梯度、极间间距、水泥浆水灰比和通电时间。

在电渗作用下，单位时间 t 内流向阴极滤出的水体体积的计算公式如下：

$$V = \frac{SD\zeta Et}{4\pi\eta L} \tag{5.3}$$

式中：D——水泥浆的介电常数；

ζ——固、液两相交界面上的动电电位（V）；

η——水泥浆体的黏度系数；

S——极板面积；

E——电渗电压（两极间的电位差）（V）；

t——电渗作用时间；

L——电极间距。

水泥浆体中的电解质浓度对 ζ 电位的影响非常显著。增加电解质浓度，则双电层厚度减少，这时过剩的反离子挤入吸附层中，ζ 电位减少。水泥浆体水灰比增加，相当于浆体孔隙水的电解质浓度降低，所以 ζ 电位随水灰比增加而增加。

因此，影响电渗效应的主要因素有水泥浆体水灰比（W/C）、电渗电压（E）、电渗作用时间（t）、两极间距（L）、极板面积（S）。

5.5.2 电渗滤水方程推导

1. 一维电渗滤水理论方程

基本假定：

①混凝土拌合物均质、各向同性；

②由电势差和水头差引起的渗流可以叠加；

③电势呈线性分布，电势梯度不随时间而改变，电极没有电压损耗。

以阴极作为原点，以阴极到阳极方向为坐标轴正向，电极间距为 L。

由假定②可得到与 Darcy 公式相类似的公式，考虑单位面积的渗透量：

$$q = k_h i_h + k_e i_e \tag{5.4}$$

式中：q——单位面积排水量（m/s）；

k_h——混凝土拌合物的水力渗透系数；

k_e——混凝土拌合物的电渗透系数；

i_h——水头梯度，$i_h = \mathrm{grad}(H) = \dfrac{\mathrm{grad}(u)}{\rho}$；$H$ 为水头，u 为超孔隙水压力；ρ 为水的密度；

　　i_e——电势梯度，$i_e = \mathrm{grad}(\phi)$，$\phi$ 是电势。

由式（5.4）可得：

$$q = \frac{k_h}{\rho} \frac{\partial u}{\partial x} + k_e \frac{\partial \varphi}{\partial x} \tag{5.5}$$

　　如图 5.14 所示，取微小距离断面 I 、II ，设其断面面积为 A，从断面 I 在 dt 时间内流入的水量：

$$Q_{\mathrm{I}} = q\ (x)\ A\mathrm{d}t$$

从断面 II 在 dt 时间内流入的水量：

$$Q_{\mathrm{II}} = q\ (x+\mathrm{d}x)\ A\mathrm{d}t\ ,$$

　　I 、II 断面间的水的增量为：

$$\Delta Q = \frac{\partial q}{\partial x} \cdot \mathrm{d}x \cdot A\mathrm{d}t$$

　　在 I 、II 断面之间相应于 dt 时间内的压力增量为

$$\Delta u = \frac{\partial u}{\partial t} \cdot \mathrm{d}t$$

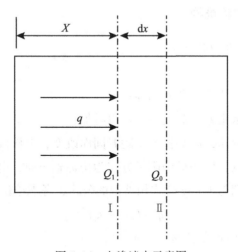

图 5.14　电渗滤水示意图

由虎克定律可知：

$$\Delta u = E_w \cdot \frac{\Delta Q}{\nu A \mathrm{d}x}$$

式中：ν——混凝土中水的体积比；

E_w——水的体积弹性模量，$E_w = 2.5 \times 10^3 \text{MPa}$；

所以可推导出下式：

$$\frac{\partial u}{\partial t} = \frac{E_w}{\nu} \frac{\partial q \cdot \mathrm{d}x \cdot A\mathrm{d}t}{A\mathrm{d}x}$$

也就是：

$$\frac{\partial u}{\partial t} \cdot \mathrm{d}t = \frac{E_w}{\nu} \cdot \frac{\partial q}{\partial x}, \quad \text{即} \quad \frac{\partial u}{\partial t} = \frac{E_w}{\nu}\left(\frac{k_h}{\rho} \frac{\partial^2 u}{\partial x^2} + k_e \frac{\partial^2 \phi}{\partial x^2}\right)$$

设 $\dfrac{E_w}{\nu} = E_v$，则

$$\frac{\partial u}{\partial t} = E_v\left(\frac{k_h}{\rho} \frac{\partial^2 u}{\partial x^2} + k_e \frac{\partial^2 \phi}{\partial x^2}\right)$$

整理得：

$$\frac{\partial^2 u}{\partial x^2} + \frac{k_e \rho}{k_h} \frac{\partial^2 \phi}{\partial x^2} = \frac{\rho}{E_v k_h} \frac{\partial u}{\partial t} \tag{5.6}$$

设 $\xi = u + \dfrac{k_e \rho}{k_h}\phi$，则式（5.6）可改写为

$$\frac{\partial^2 \xi}{\partial x^2} + \frac{k_e \rho^2}{E_v k_h^2} \frac{\partial \phi}{\partial t} = \frac{\rho}{E_v k_h} \frac{\partial \xi}{\partial t} \tag{5.7}$$

设 $\dfrac{k_e \rho^2}{E_v k_h^2} = \dfrac{1}{\lambda}$，$\dfrac{\rho}{E_v k_h} = \dfrac{1}{\chi}$，则式（5.7）可写成：

$$\frac{\partial^2 \xi}{\partial x^2} + \frac{1}{\lambda} \frac{\partial \phi}{\partial t} = \frac{1}{\chi} \frac{\partial \xi}{\partial t} \tag{5.8}$$

即 $\quad \dfrac{\partial^2 \xi}{\partial x^2} + f(x, t) = \dfrac{1}{\chi} \dfrac{\partial \xi}{\partial t}; \quad f(x, t) = \dfrac{1}{\lambda} \dfrac{\partial \phi}{\partial t} \tag{5.9}$

式（5.9）就是电渗滤水的一维偏微分方程。

根据边界和初始条件可以得到电渗滤水的一维偏微分方程的解析解。

其边界条件为：

对于阴极排水，因为 $x = 0$，$u = 0$，$\phi = 0$，所以 $\xi(0, t) = 0$；

对于阳极不排水，$q(L, t) = 0$，$\xi_x(L, t) = 0$

其初始条件为：

$$\xi(x,\ 0) = u(x,\ 0) + \frac{k_e\rho}{k_h}\phi(x,\ 0) = F(x)$$

其中：ϕ_0 是阳极的电压值，假设阴极的电压为 0；$u(x,\ 0)$ 是初始的超孔隙水压。

采用分离变量法，解得：

$$\xi(x,\ t) = \frac{2}{L}\sum_{m=0}^{\infty}e^{-\chi\beta_m^2 t}\sin\beta_m x\int_0^L\sin\beta_m x'F(x')\,\mathrm{d}x' +$$

$$\chi\frac{2}{L}\sum_{m=0}^{\infty}e^{-\chi\beta_m^2 t}\sin\beta_m x\int_0^t e^{\chi\beta_m^2\tau}\int_0^L\sin\beta_m x'f(x',\ \tau)\,\mathrm{d}x'\mathrm{d}\tau \qquad (5.10)$$

$$\chi = \frac{E_v k_h}{\rho},\quad \beta_m = \frac{(2m+1)\pi}{2L},\quad m = 0,\ 1,\ 2,\ \cdots$$

因而得：

$$u(x,\ t) = -\frac{k_e\rho}{k_h}\phi(x,\ t) + \frac{2}{L}\sum_{m=0}^{\infty}e^{-\chi\beta_m^2 t}\sin\beta_m x\int_0^L\sin\beta_m x'F(x')\,\mathrm{d}x' +$$

$$\chi\frac{2}{L}\sum_{m=0}^{\infty}e^{-\chi\beta_m^2 t}\sin\beta_m x\int_0^t e^{\chi\beta_m^2\tau}\int_0^L\sin\beta_m x'f(x',\ \tau)\,\mathrm{d}x'\mathrm{d}\tau \qquad (5.11)$$

由假定③得，$\phi(x,\ t) = \dfrac{\phi_0}{L}x$，$\dfrac{\partial\phi}{\partial t} = 0$，则 $f(x,\ t) = 0$，当 $u(x,\ 0) = 0$ 时，式（5.11）变为

$$u(x,\ t) = -\frac{k_e\rho\phi_0}{k_h L}x + \frac{2k_e\rho\phi_0}{k_h\pi^2}\sum_{m=0}^{\infty}\frac{(-1)^m}{\left(m+\dfrac{1}{2}\right)^2}\sin\beta_m x\cdot e^{-\chi\beta_m^2 t} \qquad (5.12)$$

$$\frac{\partial u}{\partial x} = -\frac{k_e\rho\phi_0}{k_h L} + \frac{2k_e\rho\phi_0}{k_h\pi^2}\sum_{m=0}^{\infty}\frac{(-1)^m}{\left(m+\dfrac{1}{2}\right)^2}(\beta_m\cos\beta_m x\cdot e^{-\chi\beta_m^2 t} - \beta_m^2 t\sin\beta_m x\cdot e^{-\chi\beta_m^2 t})$$

$$\frac{\partial\phi}{\partial x} = \frac{\phi_0}{L}$$

由式（5.5）可得

$$q(x,\ t) = \frac{2k_e\phi_0}{\pi^2}\sum_{m=0}^{\infty}\frac{(-1)^m}{\left(m+\dfrac{1}{2}\right)^2}(\beta_m\cos\beta_m x\cdot e^{-\chi\beta_m^2 t} - \beta_m^2 t\sin\beta_m x\cdot e^{-\chi\beta_m^2 t})$$

$$(5.13)$$

$$Q(t) = 2\pi RHq(0, t) = \frac{4RHk_e\phi_0}{\pi} \sum_{m=0}^{\infty} \frac{(-1)^m}{\left(m + \frac{1}{2}\right)^2} \beta_m e^{-\chi\beta_m^2 t} \qquad (5.14)$$

$Q(t)$ 为 t 时刻通过阴极排出的水量（m^3/s），k_e 为电渗系数。

由式（5.14）可得 $0 \sim t_0$ 时段内的电渗排水量为

$$Q_0 = \int_0^{t_0} Q(t)\,\mathrm{d}t = \frac{4RHk_e\phi_0}{\pi\chi\beta_m} \sum_{m=0}^{\infty} \frac{(-1)^m}{\left(m + \frac{1}{2}\right)^2} (1 - e^{-\chi\beta_m^2 t_0}) \qquad (5.15)$$

Q_0 为 $0 \sim t_0$ 时段内的电渗滤水量（m^3）。

根据 Helmholtz-Smoluchowski 理论可以得出：

$$k_e = \frac{n\zeta D}{4\pi\eta} \qquad (5.16)$$

式中：D——水的介电常数；

$\quad\quad\quad \eta$——水的动黏滞系数；

$\quad\quad\quad \zeta$——电动电势，又叫 ζ 电位；

$\quad\quad\quad n$——混凝土拌合物的孔隙率。

k_e 取决于 ζ 电位的大小，ζ 电位与混凝土拌合物孔隙溶液的电解质浓度有关，ζ 电位随水灰比增加而增加，所以 k_e 也随水灰比增加而增加；k_e 与孔隙率成正比，但在电渗滤水过程中，孔隙率变化很小，电渗系数相差不大。

由式（5.14）可知，电渗排水量 $Q(t)$ 随时间增加而减少，其随时间消减符合负指数函数。

由式（5.14）可知，$Q(t)$ 与电压成正比。

因为 $I = \sigma_e i_e = \sigma_e \frac{\partial\phi}{\partial x}$，所以 $Q(t)$ 随电流降低而减少。σ_e 为混凝土拌合物的电导率，单位是 $\Omega^{-1}m^{-1}$。由于 σ_e 与水灰比 W/C 成正比，因而 $Q(t)$ 随水灰比减少而减少。

2. 实用电渗滤水方程

自由滤水单位面积滤水量与时间的关系可以写成以下简化形式：

$$q = Ae^{-at} \qquad (5.17)$$

式中：A，a——与水灰比有关的常数，随水灰比增大而增大。

对于阴极排水，阳极不排水的边界条件，单位面积电渗滤水量在时间上按负指数形式消减。

水在多孔介质中服从达西定律和电流在导电介质中服从欧姆定律，二者具有相似性。对于稳定渗流，两种物理场可用同一形式的数学方程 Laplace 方程来描述，水的渗流和电渗流存在着可以一一对比的比拟关系。

由式（5.4）可知：

$$q = q_h + q_e = k_h i_h + k_e i_e \,, \quad q_h = k_h i_h \,, \quad q_e = k_e i_e$$

式中：q_h——自由滤水单位面积排水量（cm/s）；

q_e——电渗滤水单位面积排水量。

假设当电压比降为 i_{e0} 时，由电压引起的渗流和由重力引起的渗流量相等，即

$$q_{e0} = q_h \,, \quad k_e i_{e0} = k_h i_h$$

则

$$q_e = \alpha k_e i_{e0} = \alpha q_h$$

$$\alpha = \frac{i_e}{i_{e0}} = \beta i_e \,, \quad \beta = \frac{1}{i_{e0}} = \frac{k_e}{k_h} \frac{1}{i_h}$$

因而 $q_e = \beta i_e q_h = \beta i_e A e^{-at}$，从而，

$$q = (1 + \beta i_e) A e^{-at} \tag{5.18}$$

式中：A，a——与水灰比有关的常数，随水灰比增大而增大。当 $W/C = 0.7$ 时，$A = 0.0252$，$a = 0.0004$；当 $W/C = 0.75$ 时，$A = 0.1046$，$a = 0.0013$；

β——与水灰比有关的常数。当 $W/C = 0.7$ 时，$\beta = 0.2568$；当 $W/C = 0.75$ 时，$\beta = 0.1382$。β 随水灰比增大而减少，这是由于随水灰比增大，电渗滤水量占总滤水量比例相对减少。

当电势梯度 $i_e = 0$ 时，式（5.18）即成为由重力引起的自由滤水公式。

由式（5.18）可得：

$$Q = \int_0^t q \mathrm{d}t = (1 + \beta i_e) \int_0^t A e^{-at} \phi_0 \mathrm{d}t = (1 + \beta i_e) \left[\frac{A}{a} \phi_0 - \frac{A}{a} \phi_0 e^{-at} \right]$$

$$\tag{5.19}$$

式中：Q——t 时间内试件的单位面积累计滤水量。$t < t_1$，t_1 为混凝土拌合物的初凝时间。

由图 5.15 可以看出，按照式（5.18）得到的拟合曲线与试验曲线符合良好。

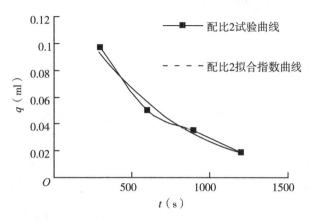

图 5.15 单位时间滤水量随时间变化图

5.6 电渗滤水混凝土配合比设计研究

首先根据满足施工要求的流动性，确定施工单位用水量 W_0。然后根据混凝土设计强度按照下式确定混凝土凝结水胶比：

$$R_{28} = AR_C\left(\frac{C + \beta F}{W} + B\right) + aK^2 \qquad (5.20)$$

式中：R_{28}——电渗滤水混凝土的 28d 抗压强度；

R_C——水泥实际强度，也可由 $R_C = 1.13 \times f_c$ 确定，f_c 为水泥强度等级；

$\dfrac{C + \beta F}{W}$——胶水比；

K——灰胶比；

A、B、a——试验常数。

式（5.20）直接或间接地体现了粉煤灰品质（β）、粉煤灰掺量（灰胶比）、水胶比、养护龄期（不同龄期的胶凝系数 β）以及水泥品种（R_C）对混凝土强度的影响。

根据式（5.20）可以确定满足强度要求的凝结用水量 W。施工用水量 W_0 减去凝结用水量 W 就是需要用电渗技术滤出的累计滤水量 Q。最后按混凝土

105

拌合物的初凝时间确定电渗滤水时间 t，根据式（5.19）计算电渗滤水所需施工电压。

5.7　抗压强度试验分析

电渗滤水、自由滤水混凝土试件强度对比如图 5.16 所示。

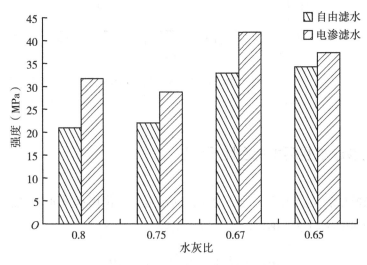

图 5.16　自由滤水、电渗滤水试件强度对比图

从图 5.16 可以看出，采用电渗滤水后，试块强度均有提高。试验发现，电渗滤水技术对水灰比较大的试件的强度提高较明显。电渗滤水技术通过减少混凝土的凝结水灰比提高混凝土强度。由于水灰比大的试件滤水效果比水灰比小的显著，而且水灰比大的试件其基准强度较低，故经电渗滤水后强度提高率较水灰比小的试件要大。

5.8　结论

（1）试验研究表明采用电渗滤水技术可以显著降低混凝土拌合物用水量，进而提出了混凝土施工中要求的大水灰比施工、小水灰比固化的混凝土施工新概念。由于不添加任何外加剂，所以电渗滤水技术避免了混凝土外加剂与水泥适应性问题，也减少了外加剂对环境造成污染，是一种绿色环保的混凝土施工技术。

（2）电渗技术能够显著加快电渗滤水速度，提高电渗滤水效率；由于电渗滤水技术同时伴有电泳现象发生，就避免在混凝土凝结硬化后形成滤水孔道，因而有利于保证混凝土的耐久性。

（3）采用电渗滤水后，试块强度均有提高。混凝土试块强度提高率与水灰比成正比关系，水灰比越大，电渗滤水技术对滤水混凝土的滤水效果越明显，强度提高幅度越大。

（4）计算电渗的电能损耗。按下式计算电渗滤水的电能损耗：

$$W = U \cdot \int f(I) \, \mathrm{d}t = U \cdot \frac{1}{2} \sum_{i=1}^{n} (I_i + I_{i+1}) \cdot \Delta t$$

得配比 1 耗电量 $8.8 \times 10^{-3} \mathrm{kW \cdot h}$，配比 2 耗电量 $9.56 \times 10^{-3} \mathrm{kW \cdot h}$，配比 3 耗电量 $2.624 \times 10^{-3} \mathrm{kW \cdot h}$。结果表明电渗电能损耗很小，该技术简便易行、经济合理，有很好的应用前景。

第六章 电渗模网钢管混凝土研究

6.1 前言

随着科学技术和国民经济的持续发展，我国越来越进入过程工业时代。由于过程工业造成大量环境污染和资源浪费，过程工程学日益引起人们的重视。作为过程工业的材料工业，存在着工艺落后、能耗高、环境污染和资源浪费严重现象。为适应洁净化生产的需要、满足可持续发展的要求，迫切需要加强对材料过程工程的研究。

材料过程工程学（process engineering of materials）是研究材料过程工程的科学。材料过程工程学可定义为：基于材料学、系统工程学和生态学有关理论，对材料由原生到被废弃的生命全过程进行集成优化，以期对自然环境低能耗、少污染和充分利用可再生资源的工艺和各种工程问题进行研究的科学。

材料过程工程学以材料学、环境材料学、生态学和系统工程学为理论基础，以满足环境经济、洁净生产和遵循循环经济的减量化（reduce）、再使用（reuse）、再循环（recycle）的原则为目标。"三流一评"是其技术基础。三流，是指贯穿于材料的生命过程中的资源流（自然物资资源、行为资源如物流或车流等）、能源流（机械能、电能、热能和生物能）和价值流（增值或功能改变）的传递；一评，是指对材料的生命过程进行环境协调和经济技术评价，使资源、能源最合理利用，以期实现对环境的零污染。

本章利用材料过程工程学原理，解决目前钢管混凝土结构普遍存在的脱粘、需额外防火、防锈、维护费用高及节点连接不便等问题。通过对混凝土材料生命过程中的资源流（模网、钢管、MgO 膨胀剂）、能源流（电渗滤水）的优化组合，形成了一种新型的钢管混凝土组合结构——模网钢管混凝土结构。

随着混凝土技术的发展，先后出现了不同种类的混凝土。从材料过程工程学角度来看，各种混凝土实质是通过水泥基体和不同增强体组合的过程的变化而形成的。水泥基体通过添加砂石增强基形成普通混凝土；普通混凝土通过添加超细粉和高效减水剂形成高性能混凝土；通过添加纤维、钢筋、型钢、模网、钢管分别形成纤维混凝土、钢筋混凝土、型钢混凝土、模网混凝土和钢管混凝土。模网钢管混凝土就是在模网混凝土和钢管混凝土的基础上发展而来的。混凝土发展过程如图 6.1 所示。

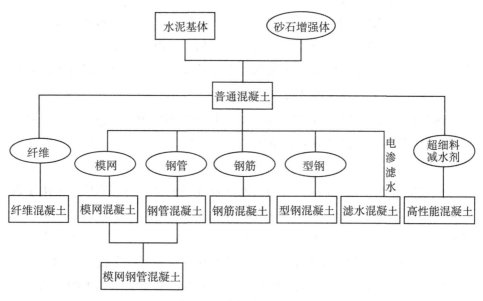

图 6.1　混凝土发展过程图

模网钢管混凝土是由外围模网、内层漏孔钢管及管、网内混凝土组合而成的新型钢管混凝土组合结构。由于模网钢管混凝土组合结构是一种新型组合结构，因而对其性能进行研究很有必要。

模网钢管混凝土将模网混凝土和钢管混凝土的优势有机结合起来，充分发挥钢管混凝土的强度高、延性好、施工速度快和模网混凝土免拆模、免振捣、自密实等优点，又具有二者不具备的独特优点：

（1）由于模网的渗滤效应排出混凝土中的多余水分、带走气泡，使混凝土更加密实，强度提高；模网对混凝土有强力的约束作用，能避免混凝土各种裂缝的产生；由于模网的约束作用，解决了钢管混凝土组合柱由于保护层过早破坏而导致承载力下降的问题。

（2）解决了普通钢管混凝土结构防火、防锈问题；解决了钢管混凝土节点连接不便的问题。当与钢梁连接时，可以直接与内层钢管焊接或螺栓连接；当与钢筋混凝土梁连接时，梁纵筋可以直接从漏孔钢管管孔中穿过而不必断开，梁柱节点贯通，有利于结构抗震，能够满足强节点要求；由于内层钢管具有孔洞结构使内外混凝土贯通，因而组合柱整体性加强，解决了普通钢管混凝土的脱粘问题，并且便于检查施工质量。

（3）采用电渗滤水技术加快滤水速度，解决了混凝土大水灰比施工、小水灰比固化的矛盾。由于不需要添加化学外加剂，因而避免了由化学外加剂带来的污染环境，以及因化学外加剂与水泥适应性问题而影响混凝土的长期性能，甚至还提高混凝土的造价等缺点。

（4）通过大剂量添加 MgO 膨胀剂，利用钢管的约束产生自应力，提高了组合柱的强度和变形能力并且使混凝土更加密实，有利于解决钢管混凝土结构脱粘问题。

本研究将电渗滤水技术引入到模网钢管混凝土施工中，成功地解决了混凝土的大水灰比施工、小水灰比固化的矛盾。实验中，外层模网接阴极，内层钢管接阳极，利用水泥水化产生的双电层的导电性，使混凝土中的多余水分向阴极聚集，从模网中滤出，使水灰比明显减少，提高了混凝土的强度和耐久性。本章对水化时间、电流强度等电渗滤水的影响因素和模网钢管混凝土组合柱在轴心荷载作用下的力学性能进行了研究分析。

6.2　建筑模网简介

建筑模网是我国刚引入的一种新型建筑材料，属于新技术、新产品、新工艺。建筑模网技术是一种低成本、高性能的建筑新体系，也是一种实用可靠的外墙外保温技术。当用于外墙时，与保温材料共同形成一次现浇成型的外墙外保温承重墙体。建筑模网混凝土作为一种新型混凝土，特别是该混凝土又可掺加大量粉煤灰、建筑垃圾等工业废弃物，因而是一种绿色环保材料。

建筑模网混凝土是大流动性混凝土，即自密实混凝土，也叫免振捣自密实混凝土。它的塌落度通常超过 18cm。这种混凝土具有良好的工作性，使混凝土的填充性、密实性、均匀性得到显著的提高，成为混凝土技术的一项新进展而被列为高性能混凝土一族。

由于建筑模网构造的特殊性，特别是带网孔的钢板网或称蛇皮网，和连续 "X" 形状的折钩拉筋，使其与普通混凝土之间存在显著差异，使得建筑模网混凝土在浇筑过程中免振捣、免支护和自密实，且硬化后的混凝土具有防裂、抗震、高强度、高耐久性的特性。

建筑模网由镀锌钢板网、加劲肋和折钩拉筋构成三维开敞式空间网架，网架内浇筑混凝土，这样就构成了建筑模网混凝土。如有保温要求，则在钢板网与加劲肋之间放置苯板等保温层，建筑模网构造如图 6.2 所示。

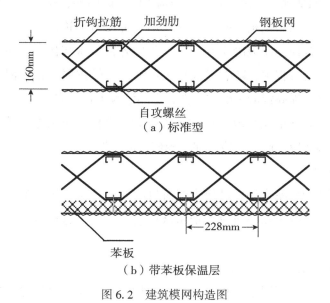

（a）标准型

（b）带苯板保温层

图 6.2　建筑模网构造图

6.2.1　普通混凝土缺陷

传统浇筑混凝土为达到一定的工作性，要实现泵送，必须使新拌混凝土保持一定的塌落度，必须要有适合的水灰比，为此，掺进一定数量水分，其至过量水分。由于过量的水在硬化后混凝土内部或表面形成气泡，甚至蜂窝、麻面和狗洞。另外，传统混凝土是在钢（木）模板内（相当于容器）浇筑，这种容器效应，使得所拌混凝土含纳水分和空气，造成混凝土的不均匀性，影响混凝土的密实性。可见，造成混凝土缺陷的因素主要是存在超出水泥水化而满足其工作性的多余水分和模板形成的容器效应。

传统混凝土在水化硬化过程中产生大量水化热，如是大体积混凝土，易引起温度裂缝，其水化生成物前后体积变化使混凝土产生化学收缩，以及施工中温度、湿度或风力作用致使混凝土形成表面裂缝，甚至通缝或结构裂缝，从而影响混凝土的力学性能和耐久性。

6.2.2　建筑模网工作机理

建筑模网混凝土克服了普通混凝土的缺陷。建筑模网是由钢板网（或称蛇皮网）、竖向加劲肋和水平折钩拉筋构成的空间网架，这种结构使得新拌混凝土在其内部流动。钢板网孔的渗滤作用，可使为浇筑目的的多余水分迅速通过钢板网孔排掉，使混凝土在浇筑过程中降低了水灰比，从而提高混凝土的强度。在浇筑过程中，随着渗滤作用逐渐通过蛇皮网孔排除混凝土拌合物所含纳的空气，提高混凝土的均匀性，达到混凝土自密实。

大连理工大学王立久教授通过系统研究，提出了包括渗滤效应、消除容器效应、环箍效应、限裂效应的建筑模网混凝土增强机理。

1. 渗滤效应

蛇皮网孔的渗滤作用，可使为浇筑目的的多余水分迅速通过蛇皮网孔排掉，人为地使混凝土在浇筑过程把水灰比自然减少。这种低水灰比必然提高混凝土的强度。

2. 消除容器效应

建筑模网的空间网架结构属开敞式结构，在混凝土浇筑过程中随着渗滤作用逐渐通过蛇皮网孔排除混凝土拌合物含纳的空气，提高混凝土均匀性，达到混凝土自密实。

3. 环箍效应

由于建筑模网的空间网架结构构成环箍效应，使混凝土抗压、抗剪强度显著增加。

4. 限裂效应

建筑模网两侧蛇皮网对混凝土有强力的约束作用，能避免混凝土各种裂缝的产生。同时，渗滤过程中，水泥微粒向混凝土表面定向移动，致使混凝土表面形成一层富集混凝土，滞留在钢板网孔形成鱼鳞状物，其结构致密坚硬，与模网紧密咬合，因而可以限制模网混凝土随外界温度变化而产生的变形，进而避免混凝土表面裂缝的产生。

6.2.3　建筑模网技术特点

建筑模网技术首先巧妙地解决了模网空间网架与外保温层的一体化问题，由于建筑模网与外保温层是在工厂内采用依次到位的制作方案，适合于工厂机械化、自动化生产，运到现场即可组装、支立、固定、浇筑混凝土，形成了一次性先浇成型外保温模网混凝土墙体的崭新的建筑施工工艺。

建筑模网具有足够的强度和刚度，它能承受从顶端浇筑混凝土拌合物的冲击而保持尺寸准确、不变形，因此，施工时不需要常规钢、木模板，直接向建筑模网内浇筑大流动性混凝土，建筑模网的开敞式网架结构使得大流动性混凝土在其内部实现免振捣、自密实，并满足结构要求。浇筑后不必拆掉模网，建筑模网能起到钢筋骨架作用，形成真正的钢筋混凝土墙体。在混凝土施工过程中，建筑模网具有充当模板和代替钢筋的双重作用，节省了大量的支模、拆模施工量，在施工中不用脚手架，降低了施工造价，大大缩短了施工工期。由于该结构可大量掺加粉煤灰、建筑垃圾等工业废弃物，因而十分有利于环境保护。

6.2.4　国内外研究现状及分析

建筑模网最初由法国结构和材料专家杜朗夫妇发明，并用其名字命名为DIPY建筑模网，取得国际发明专利。

裴畅荣结合工程实例，就轻钢肋筋建筑模网在墙体工程中的应用进行研究。该工程为大同小新街高层住宅楼。由于工期紧、加气混凝土砌块材料市场供应量不足、弧形混凝土墙模板支设困难等原因，采用轻钢肋筋建筑模网体系代替原加气混凝土砌块墙及外墙弧形混凝土墙。轻钢肋筋网墙体是以双层轻钢肋筋网（"V"字形）为骨架，以水泥砂浆为填料的新型轻质墙体。该体系具有以下优点：

（1）由于建筑模网具有良好的柔韧性，因而可以灵活地改变墙体的形状，特别适用于具有独特造型的装饰墙体，弧形、异形墙体；

（2）该墙体现场一次成型，抗震性能好，具有良好的抗冲击力。

（3）墙体网片呈 V 形设计，V 形凹槽内可以方便、快捷地布置使水、电、暖等预埋管线。

工程实践表明，轻钢肋筋建筑模网墙体施工进度快、工期短、成本低、节能环保、现场整洁，具有良好的经济效益和社会效益。

钱郑锴采用建筑模网作为免拆模板，在建筑模网和基层墙体形成的空腔中现浇泡粒混凝土保温浆料，构成的一种新型外墙外保温体系。该墙体能够满足防火规范要求的防火要求；具有良好的保温隔热性能，能够满足建筑节能 65%的要求；由于建筑模网具有限裂效应，模网泡粒混凝土保温层抗裂性能优良；泡粒混凝土模网保温墙体采用现浇泡粒混凝土制作保温层的方法，有利于外墙保温系统的连续施工，能够有效地缩短工期。任铮钺等研究了建筑模网混凝土墙体的抗震性能。通过 6 个模网混凝土矮墙体和 3 个模网混凝土高墙体试件的抗震拟静力试验，研究了这种新型墙体的破坏过程、破坏形态、滞回特性、承载力和变形能力。并且在此基础上建立了模网混凝土墙体的非线性有限元模型、进行了墙体受力全过程的模拟分析。研究表明：模网混凝土墙体的破坏过程与普通混凝土墙体基本相似，6 个矮墙体试件均发生剪切破坏，而 3 个高墙体试件则分别发生弯曲破坏和纵筋粘结破坏。模网混凝土矮墙表现出较好的抗剪能力，但变形能力略低于普通钢筋混凝土墙体。发生弯曲破坏的高墙体试件表现出较好的变形能力。詹海燕对建筑模网混凝土的耐久性进行了研究。通过模网混凝土碳化深度测试和氯离子渗透性能实验得出以下结果：

（1）当混凝土拌合物塌落度较大时，模网混凝土的碳化深度要比普通混凝土的碳化深度小得多。浇筑大流动性混凝土时，建筑模网的渗滤效应、消除容器效应体现得更加明显。由于渗滤效应在建筑模网表面形成结构致密、坚硬的富集混凝土，使模网内的混凝土碳化深度大大降低，明显小于普通混凝土的碳化深度。

（2）经碳化试验证实，由于钢板网和加劲肋都是用热轧镀锌钢带加工制成，因此在自然环境中，二氧化碳对混凝土的碳化作用也不会导致加劲肋的锈蚀。

（3）浇筑大流动性混凝土时，模网混凝土的通电量要比普通混凝土的通电量小，建筑模网的渗滤效应和消除容器效应改善了模网内混凝土的密实性，增强了混凝土抵抗化学离子侵蚀的能力。

6.2.5 建筑模网国内外工程应用

目前，建筑模网技术在法国、瑞典、比利时、德国、美国等国应用广泛。主要建筑有法国巴黎电信建筑、法国巴黎公寓、法国巴黎电视广播中心、悉尼黄金海岸公寓及酒店、美国盐湖城滑雪度假酒店等。

建筑模网在我国的使用起步较晚。1997 年，由大连华诚帝枇建筑模网有限公司将此产品引入中国，经大连理工大学一系列实验后，1998 年在大连市完成了第一栋试点工程。大连市锦绣园居住区作为国家康居示范工程，将建筑模网这一新技术应用到该工程中。该小区规模 14 万平方米，其中 1 万平方米采用建筑模网取代原来的砖混结构。

国内应用模网建筑技术的建筑主要有：北京市公安局办公楼加固工程，山西大学阶梯教室工程，辽宁省省长办公楼加固工程，沈阳河畔花园系建设部试点健康住宅，瓦房店长兴岛体育馆，大连机场物流库防火墙、中井木业有限公司干燥窑和冷库工程，大连栾金村住宅楼，大连维多利亚山庄别墅，大连市国家康居示范工程锦华园住宅楼等。建筑模网技术分别被国家计委、经贸委、科技部和教育部认定为"国家火炬项目"，国家级新产品、建设部工程推荐产品、国家高科技重点示范项目。工程实例如图 6.3 所示。

图 6.3　建筑模网混凝土工程实例

6.3 试验

6.3.1 试验装置

试验共采用 4 组试件，试件外层为模网，内层为漏孔钢管。试件形状如图 6.4 所示，尺寸见表 6.1。实验中外层模网外加滤布，以防水泥浆渗漏。试验装置如图 6.5 所示。

表 6.1   试件配合比和尺寸

序号	用水量 (kg/m³)	水泥 (kg/m³)	砂 (kg/m³)	石 (kg/m³)	粉煤灰 (kg/m³)	MgO (kg/m³)	H (mm)	R (mm)	D (mm)
L_1	204	304	555	1156	104	0	300	214	114
PZ	204	304	555	1156	104	30.4	300	214	114
L_2	204	304	555	1156	104	0	600	214	114
L_3	204	304	555	1156	104	0	600	240	140

注：R 为模网直径，D 为钢管外径。

6.3.2 试验原材料

水泥采用 P.Ⅰ 52.5R 强度等级小野田水泥，细集料采用河砂，表观密度 2650kg/m³，粗集料采用粒径不大于 20mm 的碎石，表观密度 2750kg/m³，粉煤灰采用大连北海头热电厂Ⅱ级粉煤灰。MgO 为辽宁富迪菱镁有限公司的 MgO，细度 200 目。混凝土配合比见表 6.1。

6.3.3 试验方法

试验中试件是以外层模网作为阴极排水，漏孔钢管作为阳极。阴、阳极分别用电线连接成通路，并对阳极施加直流电流，采用 WYJ 直流稳压电源提供直流电压。应用电压比降使带负电的粒子向阳极移动，带正电荷的孔隙水溶液则向阴极方向集中，并通过模网滤出。实验中控制直流电源电压，因为直流电会使混凝土内的水分电解，电解水的反应一般在12V或12V以上，所以，如果电压太大时，此时的电能主要用来电解水，只有少量的电能用来作为电渗的驱动力。如图6.4、图6.5所示。

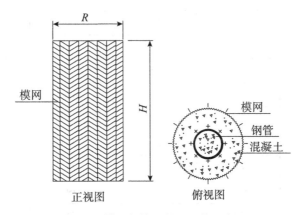

图6.4　模网钢管混凝土试件示意图

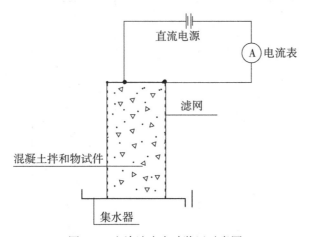

图6.5　电渗滤水实验装置示意图

用带有排水孔的托盘收集滤水，用量筒测拌合物滤水量 Q，用万能表测新拌混凝土 U、I。

6.3.4 试验结果

实测电渗滤水累计滤水量 Q 见表6.2。

表6.2　　　　　　　　　　　累计滤水量

T（min）	L₁	PZ	L₂	L₃
	Q（ml）	Q（ml）	Q（ml）	Q（ml）
5	33	11	37	8
10	43	19	47	16
15	50	26	60	21
20	56	29	67.5	26
25	61	32	73	29.7
30	64.5	35	79	32
35	68	38	84	34
40	70.8	41	87	36.2
45	73	43	89	38.4
50	75	45	91	40
55	76.7	48	92.5	41.5
60	78	49.5	95	43
65	79	56.5	97.5	44.5
70	—	—	99	45.5
75	—	—	100.5	46.5
80	—	—	102	47.5
85	—	—	104	48.5
90	—	—	105	49.5
95	—	—	106.5	50.5
100	—	—	—	51.5
105	—	—	—	52.1
110	—	—	—	52.9

T (min)	L_1	PZ	L_2	L_3
	Q (ml)	Q (ml)	Q (ml)	Q (ml)
115	—	—	—	53.4
120	—	—	—	53.8
125	—	—	—	54.1

为了比较采用电渗滤水和未滤水混凝土的力学性能,采用抗压强度作为评定指标。试验了电渗滤水和未滤水混凝土立方体试块各 2 组,每组 3 块,标准养护 28 天,测其 28 天立方体抗压强度。

6.4 试验结果及分析

6.4.1 电渗滤水试验分析

实测混凝土拌合物塌落度为 180mm。模网混凝土具有显著渗滤效应,在浇筑过程中,能通过蛇皮网孔自动排出混凝土拌合物中多余的水量,减少了水灰比,从而达到提高强度和免振、自密实的目的。在混凝土浇筑过程中,随着渗滤作用逐渐通过蛇皮网孔排除混凝土拌合物含纳的空气,避免容器效应,使混凝土进一步密实。同时,由于粉煤灰的颗粒形态效应显著改善了所拌混凝土的流变和施工性能,因而混凝土拌合物能够依靠重力成型,而无需振捣。

实测混凝土拌合物累计滤水量随时间变化如图 6.6 所示,混凝土拌合物电流强度随时间变化如图 6.7 所示,单位时间滤水量随电流变化如图 6.8 所示,未电渗滤水混凝土试件、电渗滤水混凝土试件的累计滤水量结果如图 6.9 所示。

由图 6.6 可见,累计滤水量随时间增长而渐趋缓慢。由文献 [136] 可知,单位时间电渗滤水量随时间增加而减少,其随时间消减,符合负指数函数。由于混凝土的电渗滤水速度主要取决于混凝土孔隙中的自由水含量和溶液中的离子浓度,自由水含量越大、离子浓度越高,则电渗滤水速度越快。

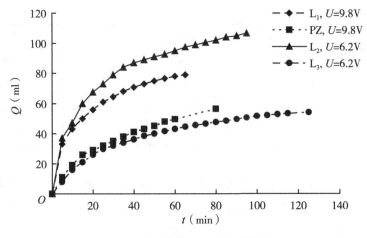

图 6.6　累计滤水量随时间变化图

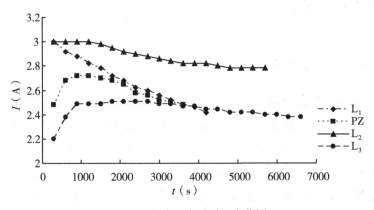

图 6.7　电流强度随时间变化图

水灰比和水化程度决定了混凝土孔隙中的自由水含量多少，随水化时间增长，混凝土孔隙中的自由水含量下降，而且水化程度控制了毛细孔的量，随水化程度增长，拌合物贯通的毛细孔减少，滤水途径增长，所以水化时间的增长使混凝土拌合物的滤水速度降低。根据文献［136］，Q 与电压成正比，因而 L_1，PZ 的累计滤水量大于 L_2、L_3 的累计滤水量。

由图 6.7 可以看出，电流 I 随时间增长呈下降趋势，这是由于电流 I 主要与混凝土孔隙中的自由水含量和溶液中的离子浓度有关，随着水泥不断水化、电渗滤水量的增加，混凝土试件中的自由水含量不断减少，使电流 I 不断下

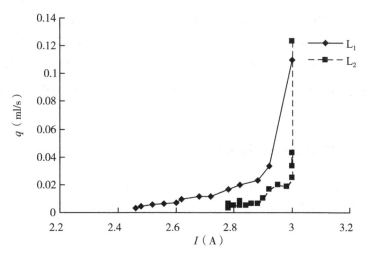

图 6.8　单位时间滤水量随电流变化图

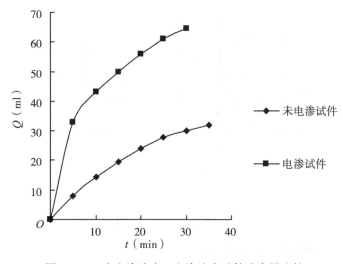

图 6.9　L_1 未电渗滤水、电渗滤水试件滤水量比较

降，但是下降趋势十分平缓。

由图 6.8 可见，单位时间滤水量随电流强度降低而减少，因为电流是电渗的驱动力，增加电流强度相当于抬高滤水水头，提高了拌合物的滤水速度。

由图 6.9 可以看出，采用电渗技术后，混凝土试件滤水量加大、滤水速度显著提高。电渗滤水是自由水在电场作用下发生定向运动，是电致滤水。电流是电渗滤水的驱动力，单位时间滤水量随电流强度增加而增加。采用电渗技术，既相当于抬高滤水水头，也避免单独高水位渗滤引起的不良作用；电渗后滤水速度加快，但伴生的微小颗粒电泳现象又能有效减少滤水孔道，有利于混凝土的耐久性，因而电渗模网滤水混凝土具有单纯模网滤水混凝土所不具有的优越性。

6.4.2 立方体抗压强度试验分析

试验结果如图 6.10 所示。从图 6.10 可以看出，采用电渗滤水技术的混凝土立方体试块比同配比未滤水混凝土立方体试块 28 天抗压强度明显提高。

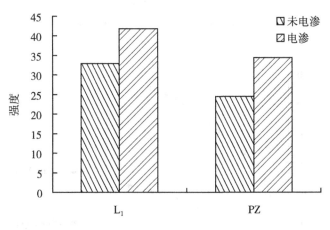

图 6.10 电渗、未电渗试件强度对比图

6.5 模网-钢管滤水混凝土密实性研究

由于模网-钢管滤水混凝土属于免振捣混凝土，其密实性将直接影响混凝土的使用性能，水化产物的组成和显微结构特征是影响硬化水泥浆体的性质的重要影响因素，因此有必要通过 SEM 进行密实性分析。

混凝土的孔结构对混凝土的强度和耐久性有着决定性的影响。混凝土的孔结构是混凝土的孔隙率、孔径尺寸与级配、孔形貌、孔分布等的统称。优良的孔结构，即低孔隙率、小的孔径与适当的级配、圆形孔多等，是高强度和高耐久性的必备条件。混凝土是一种多孔的、在各尺度上多相的非均质的复杂体系。其相组成随时间变化并受环境影响。目前，对混凝土内部结构和性能的研究仍以粗观和细观为主。细观结构又称微结构，它对混凝土的宏观行为有重要影响。混凝土细观结构研究的主要对象是混凝土中的水泥石（硬化水泥浆体）及其和集料间的界面。硬化水泥浆体是一种极复杂的非均质的多相体。水泥的水化物中主要包含水化硅酸钙（C-S-H）和 Ca（OH）$_2$、铝铁相水化物等结晶相。充分水化的水泥浆体中 C-S-H 约占 70%，Ca（OH）$_2$ 约占 20%，钙矾石和水化硫铝酸盐等共约占 7%，为水化的熟料和其他杂质约占 3%。硬化水泥浆体微结构随时间而变化。随着水化程度的提高，凝胶量增加，凝胶孔和凝胶水增多，毛细孔和毛细水减少。吴中伟院士按孔结构对强度的不同影响，将混凝土中的孔分为四类：无害孔（<20nm）、少害孔（20～100nm）、有害孔（100～200nm）、多害孔（>200nm）。减少孔隙率，除去多害孔，较少有害孔，就能得到较高的强度和密实度。混凝土的渗透性取决于其孔隙率、孔隙结构及胶凝材料与骨料的性能。通常，孔结构学研究中将混凝土的孔径大小分为：大孔（>103nm）、毛细孔（102～103nm）、过渡孔（10～100nm）和凝胶孔（<10nm）。不同孔级的孔对混凝土渗透性的作用是不同的。凝胶孔是凝胶颗粒间互相连通的孔隙，在凝胶中约占有 28% 的体积，并与水灰比和水化程度无关。研究证实，增加 132nm 以下的孔不会增加混凝土的渗透性。水泥胶体的凝胶孔隙实质上是不透水的。直径大于 132nm 的孔只能渗透受压力、湿度梯度及渗透效应作用的水。因此，混凝土的渗透性取决于其中大孔及毛细孔所占的体积与分布状况。毛细孔的微孔势能明显大于重力场势能，对渗透性的影响较大。通常情况下，毛细孔只能通过凝胶孔相互连接，当孔隙率较高时，毛细孔成为连续的、贯通的网状结构体系。毛细孔的连通性与水化程度和水胶比密切相关，当水泥水化达到某一程度时，混凝土中毛细孔的连通性会减弱到一水不能渗透的临界值。这是因为大孔被孤立，水的流动受到了凝胶孔的控制，使其通过变得很困难。计算机模拟显示总毛细孔率减少到 20% 以下时，孔变得不连通。混凝土的渗透性随总孔隙率的增加而提高，但两者之间并不存在简单的函数关系。

毛细孔体积可由下式确定：

$$V_c = \frac{W}{C} - 0.36\alpha$$

大孔的体积 V_{mn}（%）可以用下式大致估算：

$$V_{mn} = \frac{W - 2\alpha C}{1000} \times 100$$

也可以写成：

$$V_{mn} = \frac{\frac{W}{C} - 2\alpha}{1000} \times 100C$$

式中：W、C 分别为单位用水量和水泥用量，单位（kg/m³）；α 为化学结合水影响系数。

图 6.11 为未电渗滤水芯样不同放大倍数电镜照片，图 6.12 为电渗滤水上部芯样不同放大倍数电镜照片，图 6.13 为电渗滤水中部芯样不同放大倍数电镜照片，图 6.14 为电渗滤水下部芯样不同放大倍数电镜照片。从图中可见，未电渗试件结构较疏松，气孔中分布着定向排列的 Ca(OH)₂粗大晶体，纤维状的 C-S-H 和针状的钙矾石晶体相互交联，形成间断的、孔隙较大的网状骨架体。这种松散的结构对材料的抗渗、抗蚀和力学性能均不利。由电镜照片可以看出，由于电渗滤水降低了凝结水灰比，电渗滤水芯样中的针状、放射状Ⅰ型 C-S-H 较未电渗滤水芯样大为减少，基本上是以呈不规则等大粒子状的Ⅲ型 C-S-H 为主的水化物，电渗滤水芯样远比未电渗滤水芯样致密，各种水化产物晶粒细化，水化程度较高。在扫描照片上基本上看不到针、棒状的钙矾石晶体。电渗滤水技术使混凝土中的水化产物 Ca(OH)₂减少，C-S-H 凝胶相对增多，减少了水泥砂浆的大孔，毛细孔进一步减少和细化。这种均匀及致密的结构，对提高混凝土的强度及抗渗能力很有利。

由图可以发现，下部、中部芯样比上部芯样密实。电渗滤水在混凝土拌合物初凝前完成，由于模网的渗滤效应，在滤水过程中将气体带走，使中、下部混凝土更加密实。带电颗粒在电场作用下，向着与其电性相反的电极移动，这一与电渗滤水方向相反的微小颗粒电泳现象能有效减少滤水孔道，围绕小颗粒周围生成的水化产物能有效堵塞毛细孔道，有利于混凝土的耐久性。由图可以发现，粉煤灰生长在凝胶中，与周围的水化物凝胶结合致密。掺加

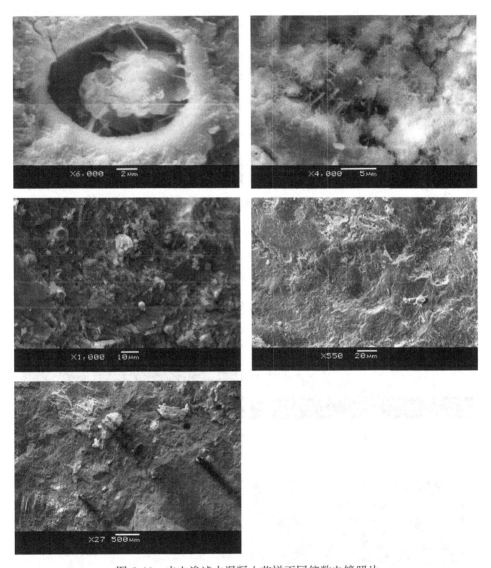

图 6.11 未电渗滤水混凝土芯样不同倍数电镜照片

粉煤灰后，粉煤灰的二次水化能够有效地与 Ca（OH）$_2$反应，可以明显减少取向生长的六角板状 Ca(OH)$_2$晶体数，增加 C-S-H 的生成量，减少混凝土内部的孔洞，有效改善其界面结构，从而提高混凝土的强度和耐久性。

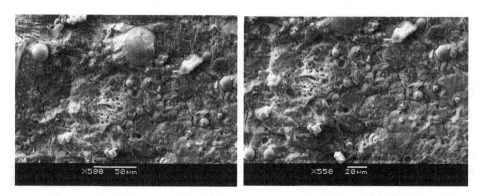

图 6.12　上部电渗滤水混凝土芯样不同倍数电镜照片

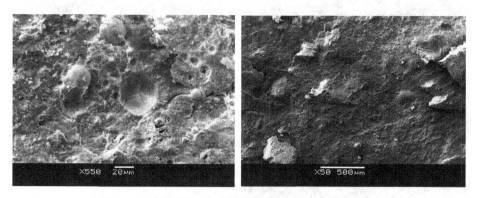

图 6.13　中部电渗滤水混凝土芯样不同倍数电镜照片

图 6.14　下部电渗滤水混凝土芯样不同倍数电镜照片

6.6 模网钢管滤水混凝土耐久性研究

模网钢管滤水混凝土是由外围模网、内层漏孔钢管及管、网内混凝土组合而成的新型钢管混凝土组合结构。模网钢管混凝土将模网混凝土和钢管混凝土的优势有机结合起来，充分发挥钢管混凝土的强度高、延性好、施工速度快和模网混凝土免拆模、免振捣、自密实等优点。通过采用电渗滤水技术，利用水泥水化产生的双电层的导电性，使混凝土中的多余水分向阴极聚集，从模网中滤出，加快了模网的滤水速度。实验证明，模网钢管混凝土具有卓越的工作性能、良好的强度和变形能力。

由于模网钢管混凝土组合结构是一种新型组合结构，因而对其耐久性进行研究很有必要。

混凝土耐久性是决定建筑结构的使用功能和使用寿命的首要因素，是评价混凝土性能的一项重要指标，因此，耐久性的高低在很大程度上决定了混凝土的性能。影响混凝土耐久性的因素很多，抗渗、抗冻及抗蚀性能被认为是 3 个最主要因素，而抗渗性是最为关键的因素，它直接影响材料的抗冻和抗蚀性能。对混凝土耐久性而言，虽然密实度不是决定混凝土耐久性的唯一要素，但无缺陷、低孔隙率却是提高材料耐久性的一种可靠保证。

本书通过氯离子扩散实验对模网钢管滤水混凝土的抗渗性进行分析。

6.6.1 试验原材料

水泥采用 P.Ⅰ 52.5R 强度等级小野田水泥，细集料采用河砂，表观密度 2650kg/m³，粗集料采用粒径不大于 20mm 的碎石，表观密度 2750kg/m³，粉煤灰采用大连北海头热电厂Ⅱ级粉煤灰。混凝土配合比见表 6.3。

表 6.3 试件配合比

试件	用水量 (kg/m³)	水泥 (kg/m³)	砂 (kg/m³)	石 (kg/m³)	粉煤灰 (kg/m³)
普通	204	304	555	1156	104
电渗	204	304	555	1156	104

注：电渗试件是施加电压为 6.2V 的直流电流，电渗滤水后标准养护的试件。

6.6.2　试验方法

氯离子渗透实验按照 ASTM C1202-97 的方法，对通过混凝土试件的电量进行测量。

由公式（6.1）计算出试件在 6 小时内所通过的总电量 Q。

$$Q = 900\ (I_0 + 2I_{30} + 2I_{60} + \cdots + 2I_{300} + 2I_{330} + I_{360})\qquad(6.1)$$

式中：Q——通过的电量（C）；

I_0——施加电压后的瞬时电流（A）；

I_t——施加电压后 t 分钟时的电流（A）。

由式（6.2）计算出试件扩散系数。

扩散系数 D_i 与实验所得 6h 混凝土通电量 Q 关系的经验公式：

$$y = 2.57765 + 0.00492x\qquad(6.2)$$

式中：y——氯离子扩散系数（$10^{-9} cm^2/s$）；

x——通过混凝土试件的电量（C）。

6.6.3　试验结果与分析

各个混凝土试件 6h 内通过试件的电量值见表 6.4。各试件芯样在氯离子快速扩散试验中电流强度随时间的变化情况如图 6.15 所示。

表 6.4　　　　　　　　　　混凝土氯离子渗透测试结果

试件	Q（C）	D（$10^{-9} cm^2/s$）
未电渗试件	1225	8.6
电渗试件上部芯样	475	4.91
电渗试件下部芯样	424	4.67

由以上图表可见，电渗滤水可以显著提高试件的抗氯离子渗透能力。其中，电渗试件上部和下部芯样的氯离子渗透的电量仅为未电渗芯样的 38.8% 和 34.6%，说明采用电渗滤水后，滤水混凝土抵抗氯离子渗透的能力得以增强。

研究表明，混凝土的孔隙率和孔结构是影响其氯离子扩散系数的主要因

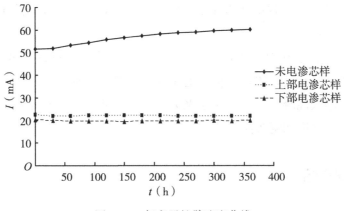

图 6.15 氯离子扩散速度曲线

素。水泥胶体的凝胶孔隙实质上是不透水的，凝胶孔的增加不会增加混凝土的渗透性，因而混凝土的渗透性取决于其中大孔及毛细孔所占的体积与分布状况。通常情况下，毛细孔只能通过凝胶孔相互连接，当孔隙率较高时，毛细孔成为连续、贯通的网状结构体系。毛细孔的连通性与水化程度和水胶比密切相关，当水泥水化达到某一程度时，混凝土中毛细孔的连通性会减弱到一个水不能渗透的临界值。混凝土的水灰比愈大，则硬化混凝土中所含大孔及毛细孔必然愈多，混凝土的氯离子扩散系数相对增大；反之亦然。

电渗技术利用水泥水化产生的双电层的导电性，使混凝土中的多余水分向阴极聚集，从模网中滤出，解决了模网混凝土大水灰比施工、小水灰比固化的矛盾。采用电渗滤水技术实质是增加了 E_e，相当于提高了滤水水头，因而可以提高滤水速度，使水灰比明显减少，从而减少氯离子扩散系数。由于电渗滤水技术同时伴有电泳现象发生，电渗伴生的微小颗粒电泳现象又能有效减少滤水孔道，增大混凝土的氯离子扩散阻力，因此氯离子扩散系数进一步减小，有利于混凝土的强度和耐久性。

6.6.4 结论

（1）采用电渗技术，能有效改善模网钢管滤水混凝土的微观结构，使混凝土结构致密化，从而提高滤水混凝土的强度和耐久性能。

（2）电渗技术可以显著改善混凝土的抗渗透性能。电渗滤水技术实质是

增加了 E_e，因而可以提高滤水速度，使水灰比明显减少，降低滤水混凝土的氯离子扩散系数。

（3）电渗滤水在混凝土拌合物初凝前完成，由于模网的渗滤密实效应，使硬化混凝土具有良好的孔结构。电渗伴生的微小颗粒电泳现象能有效减少滤水孔道，增大混凝土的氯离子扩散阻力，进一步减小氯离子扩散系数，有利于混凝土的强度和耐久性。

6.7 本章小结

（1）利用过程工程学原理，通过对混凝土过程的资源流（模网、钢管、MgO 膨胀剂）、能源流（电渗滤水）的优化组合，形成一种新型混凝土组合形式——模网钢管混凝土。模网钢管混凝土充分发挥模网混凝土和钢管混凝土的固有优点，并具有二者所不具备的一系列独特优点。

（2）模网钢管混凝土组合柱采用电渗滤水技术，解决了混凝土施工中要求的大水灰比施工、小水灰比固化的矛盾。通过大量添加工业废弃物粉煤灰，改善了混凝土的流动性，实现了资源的再利用。计算得 L_1，PZ，L_2，L_3 试件耗电量分别为 $26.4 \times 10^{-3} kW \cdot h$，$27.5 \times 10^{-3} kW \cdot h$，$28.3 \times 10^{-3} kW \cdot h$ 和 $30.14 \times 10^{-3} kW \cdot h$。结果表明，电渗电能损耗很小，该技术简便易行，经济合理。由于不添加任何外加剂，所以电渗滤水技术不会对环境造成污染，而且免拆模，免振捣，自密实，因而是一种绿色环保的混凝土施工技术。

（3）电渗滤水在混凝土拌合物初凝前完成，由于模网的渗滤密实效应，使硬化混凝土具有良好的孔结构。

第七章　模网钢管混凝土组合柱研究

7.1　前言

　　模网钢管混凝土组合结构是在模网混凝土和钢管混凝土的基础上发展而来的。模网钢管混凝土是符合建筑可持续发展战略的要求、适应现代化建筑结构发展的需要的产物。

　　由于模网钢管混凝土组合结构是一种新型组合结构，因而对其特性和机理进行研究很有必要。

　　本章首先研究了模网钢管混凝土的演化过程，然后通过模网钢管混凝土组合柱在轴心压力作用下的力学实验对模网钢管混凝土组合柱在轴心压力作用下的力学性能进行了研究分析。

　　实验结果表明，模网钢管混凝土组合结构具有卓越的工作性能、良好的强度和变形能力，是一种具有广阔发展前景的新型混凝土组合结构。

7.2　模网钢管混凝土演化过程研究

　　建筑结构的发展是与人们的经济、科技水平、生产力发展水平息息相关的。结构形式取决于材料的发展。在人类社会发展的每一时期都有占据主导地位的材料。随着人类改造自然的不断深入、科学技术的不断进步，建筑材料经历了古代以就地取材的土、木、石材为主，过渡到广泛使用人工制造的黏土砖，并逐渐向近代大工业生产的混凝土、钢材方向发展。

　　但是，随着人类对材料及其产品的需求日益增长，由于过于追求材料性能而忽视对环境影响的粗放式发展模式造成了当前资源、能源过度消耗和环境污染三大难题，严重制约了其发展。当今建筑材料日益向节约能源、资源，保护环境，适应可持续发展战略要求的绿色建筑材料方向发展。与之相适应，建筑结构也不断向节水、节能、节地和满足现代化生产方式需要方向发展。

模网钢管混凝土结构的产生就是一个建筑结构从低级到高等，从简单到复杂的不断演化的结果，也是符合当前建筑结构可持续发展要求的结果。模网钢管混凝土结构演化过程如图 7.1 所示。

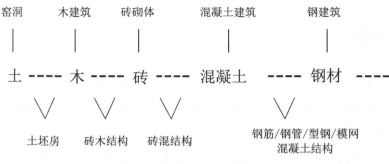

图 7.1 模网钢管混凝土结构演化过程

组合结构能够充分发挥组合材料各自的优点，克服各自的缺点，取长补短，具有单独材料所不能比拟的优点。因而，由两种或几种材料的组合形成新的建筑结构不断涌现，丰富了建筑结构形式，不断推动建筑结构向更高层次发展。

混凝土和钢是构成现代建筑结构的两种最重要的建筑材料，这两种材料本身性能的不断改善以及两者之间相互组合方式的研究提高，促进了建筑结构从构件到体系的不断创新。对钢和混凝土两种材料组成的组合结构的研究，是当今研究的热点和方向，具有十分重要的意义。从钢筋混凝土、型钢混凝土、钢管混凝土到今天的模网钢管混凝土组合结构，混凝土和钢的组合渐趋完美。

下面对主要几种钢-混凝土组合结构进行简要的介绍。

7.2.1 钢筋混凝土组合结构

钢筋混凝土结构（reinforced concrete structure）是配置受力的普通钢筋、

钢筋网或钢筋骨架的混凝土制成的结构。钢筋混凝土是由两种物理学上性能不同的材料——钢筋和混凝土组合成整体，取长补短，充分利用两者的材料性能、共同发挥作用的一种复合建筑材料；混凝土抗压强度较高，而抗拉强度则很低；而钢筋的抗拉、抗压强度均很高，但长细钢筋容易被压屈，且钢筋在一般的环境中易于锈蚀，耐火性差，维护困难，若放置在混凝土中，则不易锈蚀，耐火性能也会提高。因此，将两者结合，优化了其性能，可充分发挥两者的强度，用混凝土较高的抗压强度承担压力，用抗拉强度高的钢筋承受拉力，做到了物尽其用。

钢筋混凝土结构存在以下一些缺点：与钢结构相比，钢筋混凝土构件的截面尺寸大、自重大；施工比较复杂，工序多；抗裂性能较差，在正常使用时往往带裂缝工作。这些缺点在一定条件下限制了钢筋混凝土结构的应用范围。

7.2.2　型钢混凝土组合结构

型钢混凝土组合结构（steel reinforced concrete composite structures，SRC），是指混凝土内配置型钢（轧制或焊接成型）和钢筋的结构。这种结构形式在英美等西方国家称之为包钢混凝土结构（concrete-encased steelwork），苏联称之为劲性钢筋混凝土结构，将其中的型钢称为劲型钢，将钢筋称为柔性钢。日本则称之为钢骨混凝土结构。

常见的型钢混凝土梁、柱截面形式如图 7.2 所示。

型钢混凝土结构的内部型钢与外包混凝土形成整体、共同受力，其性能优于这两种结构的简单叠加。型钢混凝土结构兼具钢结构和钢筋混凝土结构的优点，而克服其各自的缺点。型钢混凝土结构具有延性好、抗震性能优良；强度高、刚度大；防锈、耐火性好；施工方便等优点。

型钢混凝土结构的缺点是钢构件制作安装复杂，而且有要绑钢筋、支模、浇筑混凝土，增加了施工工序。

7.2.3　钢管混凝土组合结构

钢管混凝土（concrete-filled steel tube）是指在钢管中填充混凝土而形成的构件，是在劲性钢筋混凝土结构及螺旋配筋混凝土结构的基础上演变及发

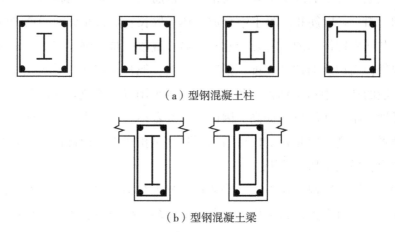

（a）型钢混凝土柱

（b）型钢混凝土梁

图 7.2　型钢混凝土截面形式

展起来的。按截面形式不同，可分为方钢管混凝土、圆钢管混凝土和多边形钢管混凝土。

常见的钢管混凝土柱截面形式如图 7.3 所示。

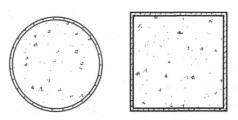

图 7.3　钢管混凝土截面形式

钢管混凝土由于钢管对混凝土的约束作用，使混凝土的强度提高、脆性下降、塑性和韧性性能大为改善；同时，由于核心混凝土的存在，避免了薄壁钢管的过早屈曲。因而两种材料能够互相弥补缺陷，充分发挥二者的长处，从而使钢管混凝土具有很高的承载力，大大高于钢管和核心混凝土单独承载力之和。因此可以说钢管混凝土结构是一种近乎完美的组合结构，有着广阔的应用前景。

钢管混凝土结构具有以下特点：承载力高；施工便捷高效、施工工期短；

抗震、耐火性能力好；经济效益显著。

但钢管混凝土在应用中也存在一些问题：钢管混凝土需要额外防火、防锈措施，维护费用大；节点连接较复杂；混凝土和钢管界面易出现脱空现象。

7.2.4 钢管混凝土组合柱（核心柱）

钢管混凝土组合柱（composite column of concrete-filled steel tube）是在钢管混凝土柱与钢骨混凝土柱的基础上发展而来的。它是将钢管混凝土布置在柱的核心，外面再包围一圈钢筋混凝土，形成钢管、管内高强混凝土和管外钢筋混凝土三种材料的组合。

常见的钢管混凝土组合柱截面形式如图 7.4 所示。

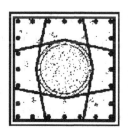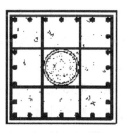

图 7.4 钢管混凝土组合柱截面

钢管混凝土组合柱比型钢混凝土和钢管混凝土柱耐火性好，可以有效地克服高强混凝土的易爆性。由于钢管对核心混凝土的约束作用，使钢管高强混凝土组合柱具有较高的承载力和较好的延性。同时，由于梁纵筋可以从外包混凝土中穿过，因而组合柱又可以克服普通钢筋混凝土梁–钢管混凝土柱节点难以处理的问题。

钢管混凝土组合柱存在在载荷作用下，过早出现保护层混凝土大面积压碎、剥落的现象，导致组合柱整体强度下降、变形迅速发展等缺点。

7.2.5 模网钢管混凝土组合结构

模网钢管混凝土（concrete-filled steel tube with formwork）是由外围模网、内层漏孔钢管及管、网内混凝土组合而成的新型钢管混凝土组合结构。

钢管混凝土组合柱截面形式如图 7.5 所示。

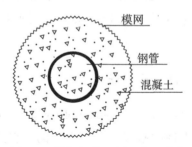

图 7.5　模网钢管混凝土截面形式

　　模网钢管混凝土将模网混凝土和钢管混凝土的优势有机结合起来，充分发挥钢管混凝土的强度高、延性好、施工速度快和模网混凝土免拆模、免振捣、自密实[59]等优点，又具有二者各自不具备的独特优点：利用模网对混凝土有强力的约束作用，解决了钢管混凝土组合柱由于保护层过早破坏而导致承载力下降的问题；解决了普通钢管混凝土结构防火、防锈问题、维修费用高的问题；解决了钢管混凝土节点连接不便的问题。当与钢梁连接时，可以直接与内层钢管焊接或螺栓连接。当与钢筋混凝土梁连接时，梁纵筋可以直接从漏孔钢管管孔中穿过而不必断开，梁柱节点贯通，有利于结构抗震，能够满足强节点要求。由于内层钢管具有孔洞结构使内外混凝土贯通，因而组合柱整体性加强，解决了普通钢管混凝土的脱粘问题，并且便于检查施工质量；通过大剂量添加 MgO 膨胀剂，利用钢管的约束产生自应力，提高了组合柱的强度和变形能力并且使混凝土更加密实，有利于解决钢管混凝土结构脱黏问题。

7.3　组合柱轴压试验

7.3.1　试件制作

　　共制作 L_1、PZ 两组组合柱试件。试件外层为模网，内层为漏孔钢管，在网内和管内浇筑混凝土，电渗滤水后标准养护 28 天。为了准确地测量试件的应变，混凝土浇筑前预先在钢管外壁沿纵向、环向对称布置电阻应变片；为了观察轴压下核心混凝土和保护层混凝土的力学性能，特制作与试件混凝土配比相同的边长2cm的混凝土立方体小试块，在小试块环向、径向和纵向粘贴电阻应变片，用铝丝将小试块固定并成对固定在模网和钢管内壁上。混凝土配合比见表7.1。L_1 混凝土实测28天立方体抗压强度34.8MPa，PZ混凝土实测28天立方体抗压强度36.1MPa，钢管采用Q235钢，壁厚3.44mm，极限抗拉强度395MPa，屈服强度235MPa。

试件形状如图7.6所示，尺寸见表7.1。

表7.1 试件配合比和尺寸

序号	用水量（kg/m³）	水泥（kg/m³）	砂（kg/m³）	石（kg/m³）	粉煤灰（kg/m³）	MgO（kg/m³）	H(mm)	R(mm)	D(mm)
L_1	204	304	555	1156	104	0	300	214	114
PZ	204	304	555	1156	104	30.4	300	214	114
L_2	204	304	555	1156	104	0	600	214	114
L_3	204	304	555	1156	104	0	600	240	140

注：R 为模网直径，D 为钢管外径。

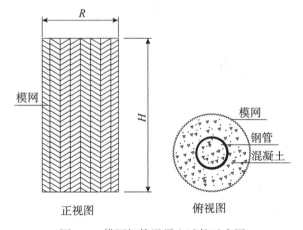

图7.6 模网钢管混凝土试件示意图

7.3.2　试验方法

用百分表测量试件的纵向总变形，用预埋电阻应变片测定钢管中截面的纵向和环向应变。试验在大连理工大学建筑材料研究所 3000kN 压力试验机上进行。试验采用分级加载，开始每级荷载为预计承载力的 10% 左右，接近预计屈服荷载时，每级荷载减半。

7.4　试验结果及分析

7.4.1　受力过程及破坏状态

图 7.7 中实线所示的是实测典型钢管混凝土短柱荷载-变形曲线。从曲线上看，钢管自应力混凝土短柱的受力过程大致可以分为以下几个阶段：弹性阶段（OA），弹塑性阶段（AB），塑性阶段（BC）和破坏阶段。

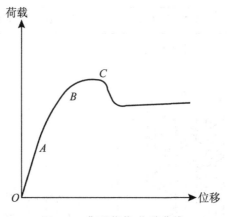

图 7.7　典型荷载-位移曲线

1. 弹性阶段（OA）

在此阶段，荷载较小，钢管混凝土与外包模网混凝土均处于弹性工作状态，压缩变形的增长与荷载的增长成正比。钢管与混凝土能很好地共同工作、协调变形。A 点大致相当于钢管进入弹塑性阶段的起点，此时混凝土尚未开裂, 混凝土的横向应变小于纵向应变, 主要表现为纵向压缩变形。

2. 弹塑性阶段 (AB)

随着荷载的增大, 组合柱塑性变形加大, 变形增加的速度快于荷载增加的速度。伴随着组合柱发出轻微的混凝土开裂声, 柱上端四分之一处和柱下端四分之一处开始屈曲。当 L_1 荷载达到极限荷载 70%, PZ 荷载达到极限荷载 82%时, 柱中开始出现纵向细微裂缝。随着荷载进一步增加, 裂缝逐渐增多, 裂缝宽度不断加大, 钢管纵向开始屈服。此后混凝土的应力迅速增长, 核心混凝土体积膨胀, 钢管的横向变形明显加快, 对外层混凝土产生较大的压应力, 外层混凝土的横向变形也迅速向外发展。当钢管环向屈服后, 保护层混凝土很快达到其抗压强度, 部分压碎退出工作, 保护层混凝土进入应力下降阶段, 试件达到整体屈服点 B 点。

3. 塑性阶段 (BC)

试件达到 B 点后, 荷载增加缓慢, 试件的位移加快。由于保护层混凝土退出工作, 荷载向核心钢管混凝土转移, 核心钢管混凝土横向应变迅速增大, 钢管向外膨胀加剧, 加速了保护层混凝土的横向变形。由于钢管对核心混凝土的紧箍作用, 使核心混凝土三向受压, 承载力提高, 应力处于上升状态。当核心混凝土接近三轴抗压强度时, 其应力增长缓慢, 试件达到极限荷载 C 点, 开始进入承载力下降阶段。

4. 破坏阶段

随着荷载不断增大, 裂缝向上、下延伸, 裂缝宽度不断加大, 最后使外保护层混凝土形成若干细长柱, 使保护层混凝土出现失稳现象。实验发现, 试件达到极限荷载时有明显的卸载现象, 之后才进入较平稳的流塑阶段。L_1 至 570kN 开始卸载, 卸载至 425kN 后逐渐回升到 480kN; PZ 至 660kN 开始停顿、至 670kN 开始卸载, 卸载至 580kN 后一直稳定在 580kN 左右。由于有模网约束, 模网钢管混凝土组合柱不像一般钢管混凝土组合柱那样出现保护层混凝土的大面积剥落脱离, 也不像钢筋混凝土柱受压破坏那样表现为明显脆性破坏。试件达到极限承载力后, 由于核心钢管混凝土承担了大部分的轴力, 钢管进入了强化阶段, 由于外围模网混凝土的约束作用, 钢管并未发生局部屈曲现象, 能充分发挥其抗压作用, 所以试件荷载下降缓慢, 试件整体变形持续增长, 表现出良好的塑性变形能力。

7.4.2　模网影响分析

设于模网外壁的混凝土立方体小试块径向应变片显示模网混凝土径向受压，荷载从 100kN 增长到 240kN 期间压应变增长缓慢，当荷载从 240kN 增长到 400kN 后压应变显著增加，荷载达到极限荷载时达到最大压应变-435με。证明模网对保护层混凝土起到很好的约束作用。实验发现组合柱进入破坏阶段，由于有模网约束，组合柱不像一般钢管混凝土组合柱那样出现保护层混凝土的大面积剥落脱离，也不像钢筋混凝土柱受压破坏那样表现为明显脆性破坏，而是在柱上端四分之一处和柱下端四分之一处发生屈曲。

设于模网外壁的混凝土立方体小试块环向应变片显示保护层混凝土环向受拉，但拉应变不大。

7.4.3　钢管影响分析

钢管纵向、环向荷载-应变曲线如图 7.8、图 7.9、图 7.10 所示。

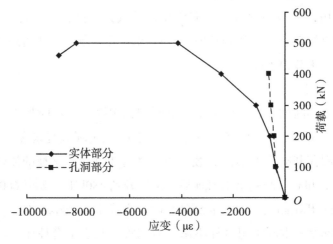

图 7.8　L₁ 钢管纵向荷载-应变曲线

从图 7.8 可以看出，L₁ 钢管实心部分纵向应变片显示其在荷载达到 200kN 时就发生纵向屈服，而钢管有孔部分的纵向应变片显示其一直没有纵向屈服。证明钢管纵向荷载主要由实心部分承担。

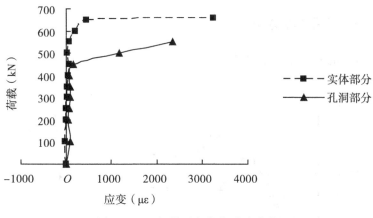

图 7.9 PZ 钢管环向荷载-应变曲线

从图 7.9、图 7.10 可以看出，钢管环向有孔部分由于开孔削弱了承载能力，率先发生环向屈服。

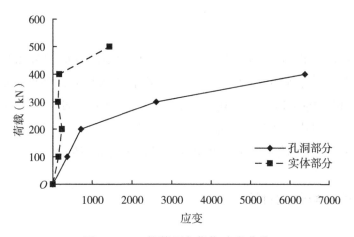

图 7.10 L₁ 钢管环向荷载-应变曲线

试验发现，钢管实心部分发生环向屈服很快导致组合柱整体发生屈服。试件达到极限承载力后，由于核心钢管混凝土承担了大部分的轴力，钢管进入了强化阶段，由于外围模网混凝土的约束作用，钢管并未发生局部屈曲现象，能充分发挥其抗压作用，所以试件荷载下降缓慢，试件整体变形持续增

141

长，表现出良好的塑性变形能力。

7.4.4　MgO 膨胀剂影响分析

L_1 和 PZ 的荷载-位移曲线如图 7.11 所示。

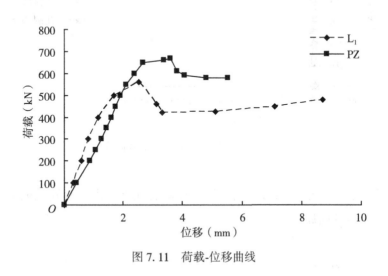

图 7.11　荷载-位移曲线

从图 7.11 可以看出，L_1 和 PZ 二者弹性模量相差不大，PZ 屈服荷载、极限荷载都比 L_1 高，强度和变形能力较 L_1 都有较大提高，强度提高了 17%。PZ 掺加了 10% MgO 膨胀剂，MgO 水化生成 $Mg(OH)_2$ 时体积增加 94.1% ~ 123.8%，在钢管内产生约束膨胀作用，使混凝土更加密实，更能充分地发挥钢管对混凝土的紧箍作用，从而提高了试件的强度和变形能力。

7.5　组合柱承载力计算

由上节试验分析可知，当组合柱达到极限荷载时，保护层混凝土由于超过抗压强度已经退出工作，因而本书在计算组合柱极限承载力时不考虑保护层的承载能力。

文献［27］将钢管混凝土构件视为统一体对其组合工作性能进行研究，得出钢管混凝土轴压组合强度标准值 f_{sc} 和混凝土轴压强度标准值 f_{ck} 符合以下关系式：

$$f'_{sc} = (1.212 + B\xi + C\xi^2)f_{ck} \qquad (7.1)$$

$$\xi = \frac{f_y A_s}{f_{ck} A_c}$$

式中：f_y 为钢材屈服强度，A_s 为钢管截面面积，A_c 为核心混凝土截面面积。

$$B = 0.1759\frac{f_y}{235} + 0.974$$

$$C = -0.1038\frac{f_{ck}}{20} + 0.0309$$

$$f_{ck} = 0.67f_{cu}$$

f_{cu} 为混凝土的立方体抗压强度标准值。

据此可以求得组合柱的极限承载力 N：

$$N = A_{sc}f_{sc} \qquad (7.2)$$

A_{sc} 为组合柱全截面面积。

本试验实测 $f_y = 235\text{MPa}$，L_1 试件 $f_{ck} = 0.67f_{cu} = 23.32\text{MPa}$，PZ 试件由于掺加 10%MgO 膨胀剂，根据试验，其限制膨胀强度较未加 MgO 膨胀剂的强度提高 28%，$f_{ck} = 0.67f_{cu} = 30.96\text{MPa}$。

按照式（7.1）、式（7.2）计算组合柱极限承载力，得 L_1 试件 $N =$ 547kN，PZ 试件 $N = 640\text{kN}$。而由实验所得 L_1 试件实测极限承载力 $N_0 =$ 570KN，PZ 试件实测极限承载力 $N_0 = 670\text{kN}$，说明计算所得极限承载力与实际承载力符合良好。计算极限承载力比实际承载力略小，这有助于保证实际工程中结构构件的安全性。

7.6　结论

（1）掺加 MgO 膨胀剂后，由于钢管约束膨胀产生的自应力使核心混凝土三向受压承载力提高，提高了组合柱的承载力，同时混凝土更加密实，有效地解决了钢管混凝土脱黏的问题。

（2）由于模网的约束作用，模网钢管混凝土组合柱不出现一般钢管混凝土组合柱过早出现崩角，并导致组合柱承载力大幅衰减的现象，而是在柱上、下端出现局部屈曲；在破坏阶段不出现保护层混凝土大面积剥落、脱离、崩溃导致承载力急剧下降的现象，组合柱承载力缓慢下降。

（3）由于保护层混凝土退出工作后核心钢管混凝土承担了大部分的轴向压力，钢管对核心混凝土的环箍效应既提高了核心混凝土的强度，又改善了组合柱的变形能力，组合柱整体承载力下降平缓，有时还有小幅回升，整体变形持续增长，组合柱表现出良好的延性。试验证明，模网钢管混凝土结构有很好的工作性和变形能力，是一种有广阔发展前景的新型组合结构。

第八章　MgO钢管自应力混凝土研究

8.1　前言

钢管混凝土由于钢管的紧箍作用使核心混凝土处于三向受压状态，提高了混凝土的抗压强度和延性；同时核心混凝土为管壁的受压稳定性提供保障，并且增强了钢管的耐腐蚀性。但是如果钢管和混凝土没有紧密接触而出现界面脱空现象，就不能保障钢管同核心混凝土的协同工作，将严重降低钢管混凝土的性能。在钢管混凝土工程应用中，由于混凝土材料的收缩、温度变化的原因，经常会发生脱空现象，造成严重的工程安全隐患。当钢管混凝土柱内部混凝土与钢管壁发生脱粘时，柱体的承载能力会大幅度下降；柱体纵向变形和侧向挠度明显增大；钢管混凝土柱的弹性模量剧烈下降，而且，脱粘宽度越大，下降幅度越大。脱空现象除了直接破坏混凝土和管壁结合的整体性，导致内部应力状态恶化外，还会增加混凝土的渗透性，破坏钢管钝化膜，从而影响结构的耐久性。

在核心混凝土中加入适量膨胀剂是解决钢管混凝土由于混凝土的收缩而产生界面脱空现象的有效措施。

普通钢管混凝土在受荷初期，钢管对核心混凝土非但不产生紧箍作用，反而产生"负紧箍力"；在钢管处于弹性段及弹塑性段时，紧箍力很小。只有当核心混凝土裂缝不断扩展，核心混凝土的横向变形系数开始超过钢材的泊松比时，钢管对核心混凝土的紧箍力才逐渐增大，这时钢管混凝土已经产生很大的变形，会对钢管混凝土结构的正常使用产生不利影响。由于普通钢管混凝土存在着紧箍力出现太迟的缺陷，致使钢管对混凝土的紧箍效应不能够充分发挥。

　　自应力混凝土是膨胀混凝土的一种，它通过自应力水泥中的膨胀组分发生水化作用实现体积膨胀。自应力混凝土不同于补偿收缩混凝土。它产生的膨胀变形较大，除了能够补偿混凝土的收缩，还能产生较大的自应力。自应力混凝土的自应力值一般大于 2MPa，自应力常用值为 3~6MPa。而补偿收缩混凝土的自应力一般小于 1MPa。

　　自应力混凝土在水化过程中自身体积产生膨胀，由于钢管的约束，混凝土中就产生了约束应力，而钢管则由于混凝土的膨胀而产生拉应力，这就是通常所说的钢管膨胀混凝土的自应力，由于这种预应力是靠化学能产生的，所以也称为化学预应力。在自由膨胀的情况下，自应力混凝土的各项力学性能低于普通混凝土。如果对自应力混凝土加以限制，则它的各项性能都有所提高。传统的配筋形式对自应力混凝土限制不足，因而制约了它的发展。钢管和具有高膨胀率的混凝土结合的新型化学预应力钢管混凝土，是最为理想的钢管膨胀混凝土。在钢管内部浇筑自应力混凝土，不但可以补偿混凝土的收缩，同时也解决了自应力混凝土限制不足的缺点。

　　钢管自应力混凝土使核心混凝土在受荷之前就产生紧箍力，有效地解决了普通钢管混凝土紧箍力出现太迟的缺陷。自应力混凝土在水化过程中自身体积产生膨胀，使得核心混凝土处于三向受压状态，改善了混凝土的内部结构，使其密实度大大增加，提高了其承载能力和弹性模量。

　　本章旨在通过在钢管混凝土核心混凝土中加入 MgO 膨胀剂，解决钢管混凝土的脱空问题，并利用 MgO 膨胀剂的自生体积变形在钢管混凝土中产生的自应力，进一步提高钢管混凝土的性能。本书之所以选用 MgO 作为产生自应力的膨胀源，是由于 MgO 膨胀剂具有独特的延迟膨胀性能和具有理想的长期稳定性。氧化镁膨胀剂是采用轻烧的 MgO，这种 MgO 结构较致密，与水反应较缓慢，整个膨胀过程是缓慢均匀，具有延迟膨胀的特性。由于膨胀混凝土只有在混凝土产生一定强度后才能产生有效膨胀，进而提高自应力水平，因而具有延迟膨胀特性的 MgO 无疑是一种理想的钢管自应力混凝土膨胀剂。

　　本章以实验为基础，研究了 MgO 混凝土的约束膨胀性能和 MgO 自应力钢管混凝土短柱在轴心压力作用下的力学性能。试验结果表明，MgO 膨胀剂膨胀性能长期稳定；在 MgO 膨胀剂的初始自应力作用下，钢管自应力混凝土短柱随 MgO 掺量的增加抗压强度、弹性模量和变形能力都得到提高。

8.2　试验研究

8.2.1　核心自应力混凝土膨胀性能试验

核心自应力混凝土膨胀性能试验的主要目的是研究 MgO 自应力混凝土浇筑后膨胀变形随时间发展变化的规律。

1. 试件制作

试验采用直径 114mm、高 300mm 的钢管混凝土短柱，管内浇筑掺有 30% 轻烧 MgO 的混凝土。水泥采用 P.Ⅰ 52.5R 强度等级小野田水泥，细集料采用河砂，表观密度 2650kg/m³，粗集料采用粒径不大于 20mm 的碎石，表观密度 2750kg/m³，粉煤灰采用大连北海头热电厂Ⅱ级粉煤灰。MgO 为辽宁富迪菱镁有限公司的 MgO，细度 200 目。MgO 化学成分见表 8.1，混凝土配合比见表 8.2。

表 8.1　　　　　　　　　　　　　**MgO 化学成分**　　　　　　　　　（单位:%）

灼碱	SiO_2	Al_2O_3	Fe_2O_3	CaO	MgO
5.24	0.80	0.08	0.46	0.95	92.47

表 8.2　　　　　　　　　　　　　　　**配　合　比**

用水量 （kg/m³）	水泥 （kg/m³）	砂 （kg/m³）	石 （kg/m³）	粉煤灰 （kg/m³）	MgO （kg/m³）
223	290	559	1017	125	125

2. 试验内容和实验方法

试验需要测试的主要数据是钢管的环、纵向应变值，以及与之相对应的龄期。

应变使用江苏联能电子技术有限公司的最新设备 YE2539 高速静态应变仪采集。为了观测自应力混凝土的膨胀过程，浇筑前，在钢管中部环向、纵向对称布置电阻应变片，以测量钢管的环向、纵向变形。混凝土浇筑后不到一天，便开始产生一定的强度并且产生较大的膨胀变形。由于受到钢管约束，钢管会受到一定的应力并产生一定的变形，此时即开始进行连续观测。膨胀初期是膨胀变形发展较快的阶段，每天都需要测量限制膨胀变形，尤其前 14 天的膨胀变形发展较快，每天要进行 1~2 次数据采集。膨胀变形稳定后，只需每两天或三天采集一次，试件共进行了 78 天连续观测。

图 8.1 所示为试件限制膨胀变形测量结果。

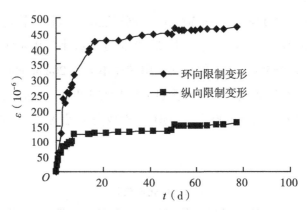

图 8.1 限制膨胀变形测量结果

3. 试验分析

由图 8.1 可以看出，MgO 混凝土的自身体积膨胀变形是随观测龄期的延长而稳定增加，自生体积膨胀变形变化均匀、曲线比较光滑。膨胀钢管混凝土外壁的环向应变随时间变化的最大变化速率出现在 3~4 天左右，之后随观测龄期的延长而稳定增加，最终钢管体积变形逐渐趋于稳定。

试验体现了 MgO 膨胀剂的延迟膨胀特性，证明 MgO 膨胀剂具有很好的膨胀性能和理想的长期稳定性。

MgO 膨胀剂与水泥熟料中的 MgO 性质是截然不同的，水泥中的 MgO 经过 1450℃高温煅烧，形成的方镁石晶体，水化生成氢氧化镁时体积产生膨胀，常温下方镁石水化非常缓慢，一般要在半年或几年后才会膨胀，如果控制不当，就会影响混凝土结构的安定性，是水泥的控制指标。而用作膨胀剂的 MgO，煅烧温度为 1050~1100℃，虽然水化后同样生成 $Mg(OH)_2$，但由于煅烧温度的差别，其膨胀变形的时间主要从混凝土降温阶段 7 天开始，且后龄期变形增长相当小，基本趋于稳定。

4. 应力分析

自应力混凝土膨胀后钢管在环向和纵向受到拉力，核心混凝土则处于三向受压状态。根据实测应变值由下式计算出钢管的环向和轴向应力：

$$\sigma_1 = \frac{E_s}{1 - \mu_s^2}(\varepsilon_1 + \mu_s \varepsilon_3)$$

$$\sigma_3 = \frac{E_s}{1 - \mu_s^2}(\varepsilon_3 + \mu_s \varepsilon_1) \tag{8.1}$$

式中：σ_1、σ_3——钢管环向与轴向应力；

ε_1、ε_3——实测钢管环向和轴向应变值；

E_s，μ_s——钢管的弹性模量和泊松比。

确定钢管的环向应力后，根据平衡条件，解得核心混凝土径向压应力 p 为

$$2t\sigma_1 = 2rp$$

$$p = \frac{t}{r}\sigma_1 \tag{8.2}$$

式中：r——钢管内径；

t——钢管壁厚。

根据轴向平衡条件 $A_s\sigma_3 = A_c\sigma_{c3}$，解得核心混凝土轴向压应力 σ_{c3} 为

$$\sigma_{c3} = \frac{2t}{r}\sigma_3 \tag{8.3}$$

式中：A_s、A_c——钢管面积与核心混凝土面积。

计算得 28 天核心混凝土径向和轴向自应力值分别为 6.68MPa、7.17MPa。

从计算结果可以看出，MgO 膨胀剂产生的自生体积膨胀由于受到钢管的有效约束，在核心混凝土中产生了较高的自应力。

8.2.2 强度对比试验

1. 试件制作

为比较普通混凝土和 MgO 膨胀混凝土约束膨胀强度，制作两组配合比普通混凝土立方体试件 C_1，C_2，测其立方体抗压强度；制作 3 组圆模约束试件，

按 C_1 试件配合比等量掺加 10% 的试件标为 E_1，按 C_1 试件配合比等量掺加
15% 的试件标为 E_2，按 C_2 试件配合比等量掺加 10% 的试件标为 E_3，测其圆柱
体抗压强度。圆模直径 150mm，高 300mm。试件配合比见表 8.3，试件强度
见表 8.4。试件的圆柱体抗压强度按照式（8.4）换算成立方体抗压强度。

表 8.3　　　　　　　　　　　　　配合比和强度

序号	用水量（kg/m³）	水泥（kg/m³）	砂（kg/m³）	石（kg/m³）	粉煤灰（kg/m³）	MgO（kg/m³）	强度（MPa）
C_1	223	415	559	1017	125	0	56.6
C_2	190	304	555	1156	104	0	43.5
E_1	223	374	559	1017	125	42	60
E_2	223	353	559	1017	125	62	63.1
E_3	190	274	555	1156	104	30	57.8

$$f_{c.c} = 1.25 f_{\lambda-2} \tag{8.4}$$

式中：$f_{c.c}$——换算成边长等于圆柱体直径的立方体强度；

　　　$f_{\lambda-2}$——高径比为 2∶1 试件的圆柱体抗压强度。

2. 实验分析

试件强度对比如图 8.2 所示。

由图 8.2 可以看出，E_1，E_2 试件同 C_1 试件相比，分别按水泥质量等量掺
加 10% 和 15% 的 MgO 膨胀剂，由于圆模的约束作用，使其强度分别提高
6.1%，7.2%；E_3 试件同 C_2 试件相比按水泥质量等量掺加 10% 的 MgO 膨胀
剂，其强度提高 28%。

这些比较结果均证明，MgO 膨胀混凝土受约束后产生可观的增强效应。
拆模之后的膨胀混凝土试件，圆模对其产生的约束已经消除，其强度的提高
不会归因于圆模的"紧箍效应"，而是由于混凝土在凝结硬化过程中，圆模的
约束作用改变了核心混凝土内部结构。

MgO 膨胀剂水化时水化生成氢氧化镁结晶，固相体积增加 94%～124%，
从而引起体积膨胀。在限制膨胀状态下，膨胀应力迫使水化物向孔隙中渗透，

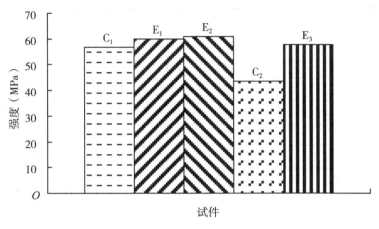

图 8.2　强度对比图

水化物填充了孔隙，使结构更加致密，显著地减小总孔隙率和改善孔级配，因而提高了混凝土的强度。

E_3 试件其强度提高 28%，远大于 E_1、E_2 试件。这是由于限制膨胀混凝土强度与其膨胀之间存在明显的相互制约的关系，混凝土强度大，表现出来的膨胀量就小。C_1 试件强度比 C_2 试件强度达 30%，因而 E_1、E_2 试件的强度增加没有 E_3 试件强度提高幅度大。

8.2.3　钢管自应力混凝土轴心抗压强度试验

1. 试件制作

为验证 MgO 膨胀剂掺量对钢管自应力混凝土的性能的影响，制作 6 个不同 MgO 膨胀剂掺量的钢管混凝土试件，对其进行轴心压力试验。试件直径 114mm、高 300mm。

水泥采用 P.Ⅰ 52.5R 强度等级小野田水泥，细集料采用河砂，表观密度 2650kg/m³，粗集料采用粒径不大于 20mm 的碎石，表观密度 2750kg/m³，粉煤灰采用大连北海头热电厂Ⅱ级粉煤灰。MgO 为辽宁富迪菱镁有限公司的 MgO，细度 200 目。混凝土配合比见表 8.4，实测 Z6 配合比试件的立方体抗压强度 56.6MPa。钢管采用 Q235 钢，壁厚 3.44mm，极限抗拉强度 395MPa，屈服强度 235MPa。

表8.4   配合比和强度

序号	用水量 （kg/m³）	水泥 （kg/m³）	砂 （kg/m³）	石 （kg/m³）	粉煤灰 （kg/m³）	MgO （kg/m³）	强度 （kN）
Z_1	223	374	559	1017	125	42	867
Z_2	223	353	559	1017	125	62	947
Z_3	223	332	559	1017	125	83	908
Z_4	223	311	559	1017	125	104	902
Z_5	223	290	559	1017	125	125	993
Z_6	223	415	559	1017	125	0	845

2. 试验方法

试验在大连理工大学建筑材料研究所 2000kN 压力试验机上进行。实验采用分级加载，开始每级荷载为预计承载力的 10% 左右，接近预计屈服荷载时，每级荷载减半。为了准确地测量试件的应变，在每个试件钢管外壁中沿周长布置纵向和环向电阻应变片各 2 对。沿试件纵向还设置了 2 个百分表以测定试件的纵向变形。实验装置示意图如图 8.3 所示。

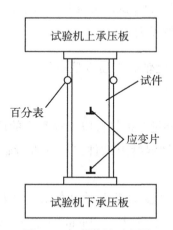

图 8.3　加载装置示意图

3. 试验结果及分析

图 8.4 所示为试件的典型破坏形式。当钢管屈服时，钢管表面出现明显

的褶皱，形成明显的吕德尔斯剪切滑移线。达到极限荷载后钢管仍能够承受很高的荷载。钢管混凝土构件受压破坏时，试件大约被压缩到原长的 2/3，呈多折腰鼓形破坏，完全没有脆性破坏的特征。

图 8.4　钢管自应力混凝土短柱破坏形态

图 8.5 所示试件的荷载-位移关系图。Z_1、Z_2、Z_3、Z_4、Z_5 分别用 MgO 等量取代水泥 10%、15%、20%、25%、30%。Z_6 为普通钢管混凝土柱，未掺加 MgO 膨胀剂。由图 8.5 可以看出，Z_1、Z_2、Z_3、Z_4、Z_5 比 Z_6 具有更高的强度和弹性模量，钢管自应力混凝土柱的极限承载力比普通钢管混凝土柱提高 2.6%~17.5%。这是由于膨胀混凝土的膨胀作用使其在受荷之前便处于钢管的三向约束状态，而不像钢管普通混凝土那样，在加荷早期钢管与核心混凝土有逐渐脱离的倾向，只有加载后期才产生较大"紧箍力"。所以，核心膨胀混凝土更能充分发挥钢管的紧箍效应，从而提高组合结构承载力。膨胀混凝土在钢管约束下自身强度显著得以提高，组合结构整体承载力也随之提高。Z_1、Z_2、Z_3、Z_4、Z_5 随着 MgO 掺量的增加，强度和弹性模量都相应提高，这与圆模约束实验所体现的规律相一致。试件表现出较普通钢管混凝土更为优越的变形能力，证明由于 MgO 膨胀剂产生的自应力的存在延缓了弹塑性阶段核心混凝土裂缝的扩展，提高了核心混凝土的切线模量；同时，使核心混凝

土内部更为致密，有效地解决了钢管混凝土脱粘的问题，有力地保证了钢管和核心混凝土的协同工作。

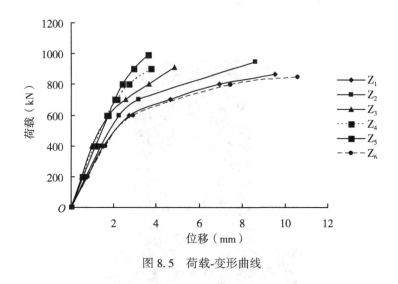

图 8.5　荷载-变形曲线

8.3　组合柱承载力计算

MgO 钢管自应力混凝土轴心受压强度的提高主要是由于 MgO 产生自生体积膨胀，使得钢管对核心混凝土产生约束作用，这种三向限制改善了核心混凝土孔结构和水泥石与集料的界面。因而 MgO 钢管自应力混凝土轴心受压强度与限制膨胀变形 ε_s 成正比。

外掺 MgO 混凝土的膨胀变形可以采用指数形式的表达式，膨胀量的大小与温度、龄期和 MgO 的掺量相关：

$$\varepsilon_s = (a - be^{-ct}) \times 10^{-6} \tag{8.5}$$

式中：a、b、c——与温度有关的函数，a 的物理意义是最终膨胀变形值。

经过对 6.2.1 节试验结果回归得，当温度为 20℃，MgO 掺量为 30% 时，$a = 470$，$b = 280.75$，$c = 0.0598$。

根据 ε_s 可由式（8.1）、式（8.2）求得核心混凝土径向压应力 p，由文献［25］：

$$f_c = f_{c0}\left(1 + K\frac{p}{f_{c0}}\right) \qquad (8.6)$$

可以求得 f_c。f_c 为加 MgO 的核心混凝土的约束膨胀立方体抗压强度，f_{c0} 为未加 MgO 的核心混凝土立方体抗压强度。

初始自应力改变了核心混凝土的结构，提高了核心混凝土的强度和弹性模量。K 表示由于初始自应力的存在对核心混凝土的轴心抗压强度提高的程度，$K = 4$。

文献［27］以弹塑性阶段终了和强化（或塑性）阶段开始的交界点作为钢管混凝土轴心受压柱的强度设计标准，给出钢管混凝土轴压组合强度标准值 f_{sc} 和混凝土轴压强度标准值 f_{ck} 的关系式：

$$f_{sc} = (1.212 + B\xi + C\xi^2)f_{ck} \qquad (8.7)$$

$$\xi = \frac{f_y A_s}{f_{ck} A_c}$$

式中：f_y——钢材屈服强度；

     A_s——钢管截面面积；

     A_c——核心混凝土截面面积。

$$B = 0.1759\frac{f_y}{235} + 0.974$$

$$C = -0.1038\frac{f_{ck}}{20} + 0.0309$$

$$f_{ck} = 0.67f_{cu}$$

式中：f_{cu}——混凝土的立方体抗压强度标准值。

据此可以求得组合柱的极限承载力 N 为

$$N = A_{sc}f_{sc} \qquad (8.8)$$

式中：A_{sc}——组合柱全截面面积。

按照式（8.5）~式（8.8）计算组合柱极限承载力，得 Z_5 试件 $N = 1009.7kN$，而由实验所得 Z_5 试件实测极限承载力 $N_0 = 993kN$，说明计算所得极限承载力与实际承载力极为接近。

8.4 结论

试验表明，大掺量 MgO 可以有效解决由于混凝土的收缩引起的钢管混凝土脱空问题。MgO 膨胀剂能够产生长久稳定的自生体积膨胀，是一种优秀的膨胀剂。由于 MgO 具有独特的延迟膨胀特性，因而能够在钢管的约束作用下充分利用自应力混凝土的膨胀能，产生了较高的自应力值。由于 MgO 产生的初始自应力可以在加载前就产生紧箍作用，因而显著地改善了钢管自应力混凝土柱的力学性能，极限承载力比普通钢管混凝土用使核心混凝土内部结构产生变化和由于自应力的存在延缓了弹塑性阶段核心混凝土裂缝的扩展。

第九章 脱硫灰制备胶凝材料性能研究

9.1 前言

长期以来，我国高投入、高产出、高污染的粗放式经济发展模式产生了巨大的资源浪费和环境污染。当前，主要污染物排放量超过环境承载能力，造成土壤、河流污染面积不断扩大，水土流失严重，生态环境日趋恶化。这种以牺牲环境和资源为代价的发展模式已不可持续，调整势在必行。为有效应对资源短缺、环境急剧恶化的严峻挑战，适应转变经济增长方式的要求，我国必须大力推进节能减排工作。为此，《中华人民共和国国民经济和社会发展第十一个五年规划纲要》提出了"十一五"期间单位国内生产总值能耗降低 20%左右，主要污染物排放总量减少 10%的约束性指标。

我国的能源构成以煤炭为主，煤炭占一次能源消费总量的 75%。随着煤炭消耗量日益增加，燃煤排放的 SO_2 也不断增加。燃煤 SO_2 排放量占 SO_2 排放总量的 90%以上。我国是目前世界上最大的 SO_2 污染排放国，连续多年超过 2000 万吨，致使我国酸雨和二氧化硫污染日趋严重。酸雨危害人类健康，腐蚀建筑材料，严重地破坏生态环境。中国科学研究院和清华大学等单位的研究结果表明，酸雨给建筑物、森林和农作物造成的年平均损失达 1100 亿元以上。即每排放 1 吨 SO_2 造成超过 5000 元的损失。酸雨的严重危害已引起国际和国内社会的广泛关注。SO_2 是我国酸雨形成的主要原因。为有效应对 SO_2 排放造成的污染问题，我国政府相继出台了一系列的 SO_2 污染物排放法规、标准。2000 年 9 月 1 日，我国开始实施新修订的《中华人民共和国大气污染防治法》，该法对不同装置的二氧化硫的排放提出了原则要求。2002 年 11 月，国务院批复了国家环保总局等编制的《两控区酸雨和二氧化硫污染防治"十五"计划》。2002 年 1 月,国家经济贸易委员会、科学技术部联合发布了"燃煤二氧化硫排放污染防治技术政策"。该技术政策为改善城市环境空气质量的控制目标以及到 2020 年基本控制酸雨污染的控制目标提供强有力的技术支持。

目前,燃煤电厂作为第一大二氧化硫排放企业,已经被国家强制要求增加二氧化硫处理系统。在国家的强制要求和政策激励下,电力行业二氧化硫减排成绩显著,脱硫机组装机容量达到 3.63 亿千瓦,装备脱硫设施的火电机组占全部火电机组的比例提高到 60%。

作为仅次于燃煤电厂的第二大二氧化硫排放的钢铁行业,对废气进行脱硫,已经是迫在眉睫。而烧结机是钢铁行业中二氧化硫排放最大的,其排放的二氧化硫约占钢铁生产总排放量的 60% 以上。根据工信部节〔2009〕340号文件显示,2008 年全国重点统计的钢铁企业二氧化硫排放量约 110 万吨,其中烧结二氧化硫排放量约 80 万吨。根据我国钢铁企业所使用的原燃料含硫情况及排放状况估算,在无控制措施情况下,我国钢铁行业 2010 年的烧结烟气二氧化硫排放量将达到 127 万吨。由此可见,我国钢铁烧结烟气二氧化硫排放削减任务十分艰巨。根据《中华人民共和国环境保护法》《中华人民共和国大气污染防治法》等法律、法规要求,国家加大对二氧化硫排放的治理力度,强制要求对燃煤电厂、工业窑炉以及钢铁企业烧结烟气中的二氧化硫排放进行脱硫治理。根据国家的"十一五"发展规划和可持续发展战略,烟气二氧化硫总量控制将成为中国未来十年内的环保主要目标,将形成 1000 多亿元的烟气脱硫市场,烟气脱硫产业必将迅猛发展。《中华人民共和国国民经济和社会发展第十三个五年规划纲要》提出必须牢固树立和贯彻落实创新、协调、绿色、开放、共享的新发展理念;强调必须坚持节约资源和保护环境的基本国策,坚持可持续发展,加快建设资源节约型、环境友好型社会,形成人与自然和谐发展现代化建设新格局;明确要求大力推进污染物达标排放和总量减排,加快燃煤锅炉脱硫脱硝、钢铁烧结机脱硫改造。2018 年的政府工作报告中,钢铁行业的超低排放改造被专门提出。生态环境部也确定 2018 年我国将启动钢铁行业超低排放改造。2018 年 1 月,《中华人民共和国环境保护税法》开始施行,直接向环境排放应税污染物的企事业单位和其他生产经营者应当依照《中华人民共和国环境保护税法》规定缴纳环境保护税。应税大气污染物按照污染物排放量折合的污染当量数确定。其中二氧化硫的污染当量值为 0.95 千克，应税大气污染物的应纳税额为污染当量数乘以具体适用税额（1.2 元至 12 元）。"十三五"以来，我国对工业 SO_2 的排放标准日趋严格，脱硫灰的年产生量也随之大幅增加。

烟气脱硫（flue gas desulfurization，FGD）是目前燃煤电厂控制 SO_2 气体排放最有效和应用最广的技术。20 世纪 60 年代后期以来，烟气脱硫技术发展迅速。按工艺特点主要分为湿法烟气脱硫、干法烟气脱硫和半干法烟气脱硫。因脱硫技术的不同，将产生不同的废弃物，如脱硫石膏、高钙高硫型的粉煤灰等。目前，脱硫石膏可用于水泥缓凝剂和各种建筑石膏制品，其性能优于天然石膏。而干法、半干法脱硫工艺产生的高钙高硫型脱硫灰（渣）的成分、性质与普通粉煤灰有很大差异，其应用研究成为当前和今后的重要课题。

随着脱硫减排政策落实力度的不断加强，燃煤电厂和钢铁行业脱硫装备的普遍应用，必然带来大量干法脱硫灰渣的处置和利用等问题。仅 2008 年脱硫副产物产量就将近 8000 万吨，其中很大一部分没有得到综合利用。由于干法、半干法脱硫灰成分极其复杂，由脱硫剂、脱硫产物和飞灰等多种成分组成，而且其中的亚硫酸钙在利用的过程中性质十分不稳定，如在潮湿环境下将被缓慢氧化、在酸性环境中会酸化分解、在高温时会高温分解等，所以多以堆放和抛弃处置为主，不仅挤占土地，增加发电成本，而且对土壤、水体均存在不同程度的污染，对人类的生存环境造成严重的危害。因此，对脱硫灰的综合利用的研究十分紧迫和必要。

我国工业脱硫发展迅猛，脱硫副产物的处理十分急迫。脱硫灰由于其高钙、高硫的特性，使其难以在水泥、混凝土中大规模应用。研究新型脱硫灰胶凝材料，可以大量使用脱硫灰，能有效解决脱硫灰的存放和环境污染问题。利用脱硫灰制备新型胶凝材料适应"利废、节能、减排"的建筑材料改革需要，能够节省大量耕地、降低建筑材料成本，具有大规模产业化应用的前景。本研究从脱硫灰的质量控制、制备工艺、配合比优化等多方面着手，系统地解决脱硫灰规模化应用的问题；由于脱硫灰具有高钙、高硫的特性，具有同其他工业废弃物不同的性能，因而必须对其物理、化学性能进行深入研究，在此基础上，研究并解决脱硫灰胶凝材料的力学和体积安定性问题；综合考虑环境效益、经济效益和社会效益，优化配合比和制备工艺，降低产品成本，提高产品质量，增强产品市场竞争力；对脱硫灰的成分对胶凝材料长期性能的影响进行理论分析，为脱硫灰制备新型建筑材料的产业化应用提供理论基础。本研究利用燃煤电厂、钢铁工厂生产的固体废弃物——脱硫灰，制备满足节能减排要求的新型胶凝材料。本研究可以有效地解决脱硫灰的堆放和对环境的污染的问题，实现脱硫副产物的资源再利用，节约大量资源和能源，有效降低产品的成本。这种胶凝材料是一种具有良好社会、经济效益和广阔发展前景的新型、绿色建筑材料，对该材料的制备技术和性能研究十分必要。

9.2 脱硫灰应用研究现状

在欧美国家，脱硫副产物的综合利用研究开展得比较早，目前很多技术已经进入产业化应用阶段。吴慕正等介绍了利用含硫燃煤副产物生产集料的方法；法国的 CERCHAR 开发了一种专门应用于流化床灰渣的水化活化方法，J. Blondin 等用试验论证了水化处理的作用；Wolfe 等研究了干法脱硫灰在垃圾防渗层、路基受损部分的修补、作为矿坑的填充材料的应用；Dick 等完成了美国能源电力研究所（EPRI）关于干法脱硫副产物在农业和土壤改良方面的应用。

我国脱硫灰的综合利用研究开展的比较晚，目前仍处于起步阶段。由于近年来国家强制二氧化硫排放企业采取脱硫治理措施，对脱硫副产物的综合利用的研究逐渐成为研究的热点。

钱骏等分析了南京下关电厂 LIFAC 干法脱硫渣特性并对 LIFAC 干法脱硫渣应用于混凝土掺合料进行了试验研究；付晓茹等对金陵热电厂循环流化床（CFB）脱硫灰的基本性能进行了研究；王文龙等研究了流化床脱硫灰渣的特性，总结了国内外对流化床脱硫灰的研究进展；王文龙、陶珍东、苏达根等对亚硫酸钙型脱硫灰用作水泥缓凝剂做了实验研究，分析了脱硫灰对水泥凝结时间的影响；苏达根等利用脱硫灰渣生产高性能砌筑水泥、砂浆和高性能水泥调凝剂；中国环境科学研究院采用蒸养法将半干半湿法脱硫灰制成强度可达 30MPa 的脱硫灰蒸养砖。胡伟用烧结烟气半干法脱硫灰与高炉矿渣耦合制备新型墙体材料。对脱硫灰与矿渣理化特性进行研究，并且探索二者耦合反应的机理。苏清发研究利用干法脱硫灰制备蒸压砖，分析了脱硫灰理化性质和对脱硫灰添加量的各主要影响因素，实验产品性能满足国家相关标准要求。卢林以半干法脱硫灰为主要原料制备蒸压砖，对蒸压砖的制备原理进行了系统分析研究，并研究了蒸压砖强度形成机理。周维将宝钢电厂干法脱硫粉煤灰作为混凝土掺合料。研究了脱硫灰与粉煤灰复配的方式，提出了最佳的掺合料配方和合理的脱硫灰掺量，为脱硫灰混凝土配制提供依据。周向飞研究了改性脱硫灰渣对水泥凝胶物理性能及其微观结构的影响。改性后的脱硫灰渣可作为水泥混合材而大量使用。当其掺量达到 30% 左右时，水泥的各项性能指标均满足美国材料化学学会标准（ASTM）标准 C 的要求。程志以磨细循环流化床煤矸石脱硫渣等量取代水泥，研究其膨胀特性、探明膨胀影响机理。配制了脱硫渣自密实混凝土，研究了其力学性能和膨胀特性。进一步实验研究钢管限制条件下混凝土膨胀特性和短柱轴压性能，并进用 ABAQUS 有限元软件对钢管自密实混凝土短柱轴心受压性能进行了试验研究和有限元分析，得到的结果与试验结果基本一致。李静献用脱硫灰和轻质骨料粉煤灰漂珠，制备出了轻质脱硫灰漂珠外墙保温隔声砂浆，研究了粉煤灰漂珠掺量等对砂浆各性能的影响，并对胶凝材料体系最佳配比进行了试验优选，给出了轻质脱硫灰漂珠保温隔声砂浆体系的最佳配合比。

综合分析已有研究工作，可以归纳出国内外对脱硫灰研究应用主要集中在以下几个方面：

1. 脱硫灰用于矿井回填和土地复垦

该技术在美国和欧洲已经成功的得到应用。国外的一项研究证明，干法脱硫灰能更经济地代替传统的回填料，通过调节掺入的水泥与水的配比，这种回填料的强度、凝结时间等均能满足要求。但是，对于很多属于"都市型"的钢铁企业，自身周边没有矿井可以回填。如果运到千里之外的矿井回填，将产生巨大的费用，影响企业的经济效益。

2. 脱硫灰用于路基建设

美国俄亥俄州已经利用干法脱硫灰为路基材料，建设了多条不同等级的高速公路。国外的研究还表明，干法脱硫灰用于路基受损部分的修补，具有强度高、施工方便，且对周围环境不会产生重大影响的优点。相关基础研究也发现，该利用方式比传统的材料更具有技术和施工上的优势。美国俄亥俄州州立大学工程学院在此利用方式上，开展了多年卓有成效的研究。我国试验结果表明，干法脱硫灰可替代普通粉煤灰，用作二灰碎石路基材料。用脱硫灰渣与沥青合成的道路建筑的承重层，材料不会由于温度的变化而容积发生变化。

3. 脱硫灰用于作为水泥及混凝土添加剂

欧洲已经有一条连续运行的生产线；国内原来南京的下关电厂干法脱硫灰也成功应用到江南小野田水泥厂。脱硫灰可代替部分矿渣用作水泥混合材料。用脱硫灰作混合材料时，最佳掺量需通过试验确定。由于脱硫灰中的 SO_3 含量比较高，而水泥产品对 SO_3 的含量有所限制，过多的 SO_3 含量会导致在水泥硬化后生成水化硫铝酸钙，产生体积膨胀，导致水泥安定性不良。所以对于批量水泥生产，脱硫灰掺量应该严格按国家水泥行业标准确定。GB175—1999 规定普通硅酸盐水泥中的 SO_3 含量不得超过 3.5%。同时，钢铁烧结机烟气中还存在氯化氢等氯化物影响干法脱硫灰在该领域的应用，使应用存在较大的不确定性和风险性。此应用尚需要开展大量的基础研究和实验应用研究。

4. 干法脱硫灰制备免烧轻集料及蒸养砖

美国已经成功利用干法脱硫灰生产建筑用的轻集料，并在商业上取得了圆满成功，实现了多年的连续运行。其生产的产品，不仅全部通过美国法律法规的测试，也经过了现实的考验。用干法脱硫灰生产蒸养砖在掺量比较小的情况下，通过在脱硫灰中添加 SiO_2 等物质，能够生产出满足力学指标及干缩要求的产品。

5. 脱硫灰用于水泥生产

欧洲国家正着手开发一种使用高碳、高氧化铝飞灰和烟气脱硫残渣，特别是无石膏的残渣生产硫铝酸钙水泥的试验室规模工艺，此工艺研究中使用的样品采自许多燃煤电厂，所产出的硫铝酸钙水泥是一种钙矾石基胶凝材料，有希望作为普通波特兰水泥的替代品，成为水泥的成分及预拌混凝土与预制混凝土的成分。我国苏达根等人也提出了利用脱硫灰渣生产硫铝酸钙水泥的设想并进行了试验；王文龙等通过试验证明，只需添加部分 CaO 或 $CaCO_3$，用脱硫灰作生料，即可烧成硫铝酸盐水泥。

6. 农业及森林业方面的应用

Dick 教授及其合作者在 1999 年完成了美国能源电力研究所（EPRI）关于干法脱硫灰在农业上面的应用。国外研究证明，由于脱硫灰中含有石灰或石灰石等碱性物质，因而比较适合用于提高酸性土壤的 pH 值，同时还能提供有些植物如紫花苜蓿等生长所需的硼、硫等元素，而且还能够减少土壤中潜在的有毒可溶性金属物质的富集，脱硫灰还能改善土壤的特性，使土壤变得松缓，并能阻止高磷土壤中磷的流失。我国清华大学开展了湿法脱硫灰在改善和治理盐碱地方面的研究，但目前还没有开展干法脱硫灰在农业、森林业方面的研究。

目前，国内外对干法、半干法脱硫灰应用的研究主要集中在矿山回填、路基建设、水泥混合材和缓凝剂、制砖、人造轻质集料、改良土壤、生产水泥等方面，其中大部分还处在开发试验阶段，对其组分、理化性能及长期稳定性研究还有待深入。目前，脱硫灰综合利用中主要存在以下问题：

(1) 脱硫灰含有超过标准的硫酸盐化合物，过量的硫酸盐化合物会导致水泥、混凝土制品产生膨胀变形，降低水泥和混凝土的安定性，给建筑工程带来安全隐患。所以脱硫灰在用于水泥和混凝土中时，其掺量受到严格控制。我国"用于水泥和混凝土中的粉煤灰"标准规定：水泥生产中用作活性混合料的Ⅰ、Ⅱ级灰中其 SO_3 含量不得大于 3%，拌制水泥混凝土和砂浆时，用作掺合料的粉煤灰成品的Ⅰ、Ⅱ和Ⅲ级灰中，SO_3 含量不得大于 3%。

(2) 脱硫灰中较高的 f-CaO 的含量也是制约脱硫灰用作水泥混合材的重要因素之一。CaO 水化成 $Ca(OH)_2$ 体积会增大很多，导致体积安定性不良，甚至造成强度破坏，这就大大限制了脱硫灰在工程上的应用。

(3) 利用脱硫灰制备烧结砖时，当砖内掺入不少于 30% 的亚硫酸钙的脱硫灰后，温度达到 650℃ 时亚硫酸钙便开始分解，释放出 SO_2，产生二次污染，从而使电厂脱硫在很大程度上失去意义。

脱硫灰由于其高钙、高硫的特性产生体积安定性不良等问题，限制了其在水泥、混凝土中的大规模应用。由于对脱硫灰的综合利用顾虑较多，目前大量的脱硫灰中，只有少部分得到初级利用，绝大部分被抛弃，既破坏环境，又占用土地，并且造成严重的资源浪费。将脱硫灰用于制备胶凝材料，能够大量消纳脱硫灰，是解决脱硫灰大规模工业化利用的有效技术途径。当前国际上对脱硫灰胶凝材料的研究并不多，我国对该领域的研究仍处于起步阶段。因此，对利用脱硫灰制备新型建筑胶凝材料的研究，将有效解决脱硫灰的排放问题，促进脱硫工艺的应用和推广，具有良好的社会、经济效益。

9.3　脱硫灰制备胶凝材料性能研究

由于近年来国家强制二氧化硫排放企业采取脱硫治理措施，燃煤电厂和钢铁行业脱硫装备的普遍应用，产生了大量的脱硫灰渣。仅 2008 年脱硫副产物产量就将近 8000 万吨，其中很大一部分没有得到综合利用。脱硫灰由于其高钙、高硫的特性，使其难以在水泥、混凝土中大规模应用。目前脱硫灰以堆放处置为主，不仅占用大量土地，而且对土壤、水体产生严重的污染。因此，对脱硫灰的综合利用的研究十分紧迫和必要。

吴慕正等介绍了利用含硫燃煤副产物生产集料的方法；CERCHAR 研发了一种用于流化床脱硫灰渣的水化活化方法，J. Blondin 等用试验论证了将脱硫灰进行预水化处理的作用；Wolfe 等研究了干法脱硫灰在垃圾防渗层、路基受损部分的修补、作为矿坑的填充材料的应用；Dick 等完成了美国能源电力研究所（EPRI）关于干法脱硫副产物在农业和土壤改良方面的应用。Ji Xing Xie 等利用脱硫灰渣，粉煤灰和偏高岭土制备地聚合物，最大强度达到 17.3MPa。周维等研究了利用干法脱硫灰作混凝土掺合料用以取代部分水泥。目前对利用脱硫灰制备胶凝材料的研究较少，因而有必要对其进行进一步的试验研究和理论分析。

本研究利用脱硫灰制备一种复合胶凝材料，以解决脱硫灰的堆放和对环境污染的问题，实现脱硫副产物的资源再利用。试验采用不同配合比、不同模数的激发剂、不同养护工艺的试件，测其相应龄期的抗压强度，同时通过 XRD、SEM 等方法测试了试件样品的微观结构，并进一步分析了微观结构与性能的关系。

9.3.1　试验原材料

试验所用脱硫灰由浙江钱清发电有限责任公司提供，密度为 $2.24kg/m^3$。矿渣及脱硫灰的化学成分见表 9.1，矿物组成分析如图 9.1 所示。水玻璃由上海文华化工颜料有限公司提供，模数为 2.3，加入一定量的固体 NaOH（化学纯）和水配制模数为 2.0、1.7、1.5、1.2、1.0 的水玻璃溶液作为激发剂，室温下冷却、储藏。细集料采用厦门艾思欧标准砂有限公司的标准砂。采用德国 Bruker 公司 SRS3400 型 X 射线荧光光谱仪（XRF）测定脱硫灰化学成分；试样的表面形貌用 HITACHI S-2360N 型扫描电镜（scanning electron microscope，SEM）分析。采用 Rigaku D/max2550 型 X 射线衍射（XRD）对样品进行物相结构分析。

表 9.1 　　　　　　　　　　脱硫灰化学成分 　　　　　　（单位：%）

成分	SiO_2	Al_2O_3	Fe_2O_3	MgO	CaO	SO_3	K_2O
含量	40.4	29.4	4.13	0.56	11.9	13.32	2.09

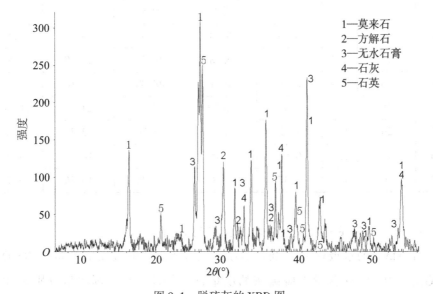

图 9.1　脱硫灰的 XRD 图

9.3.2　试验方法

制作脱硫灰胶凝材料试件，每组配合比分别制作 3 个试件，测其相应龄期的抗压强度。配合比见表 9.2。将脱硫灰和按不同比例配制的 NaOH 和硅酸钠混合溶液放入水泥净浆搅拌机中搅拌均匀，然后将拌合物注入尺寸为 20mm×20mm×20mm 的钢模中，在振动台上振动 60 秒成型。试件在标准养护室养护 1 天后脱模，一部分试件继续在标准养护室内养护、另一部分试件放入养护箱内高温养护，养护工艺为 1 小时升温、6 小时恒温、1 小时降温，然后置于室温条件下继续养护。

9.3.3　试验结果与分析

试件的 3 天和 28 天抗压强度见表 9.2。

表 9.2　　　　　　　　　　　　　　试件配合比

编号	碱激发剂（%）	模数	水胶比	3 天抗压强度（MPa）		28 天抗压强度（MPa）	
				常温	高温	常温	高温
1	8	1.5	0.38	6.58	34.95	29.76	29.60
2	10	1.0	0.37	6.88	48.75	24.60	29.92
3	10	1.5	0.36	10.1	48.08	18.16	45.60
4	15	1.5	0.40	10.33	47.64	24.68	30.04
5	20	1.5	0.6	4.93	36.20	12.36	12.20
6	10	1.0	0.52	4.15	23.03	14.72	19.32
7	20	1.5	0.37	5.8	25.39	16.76	28.72

1. 激发剂掺量对胶凝材料抗压强度的影响

各组试件的水玻璃激发剂模数统一为 1.5，其中激发剂掺量按 $Na_2O \cdot nSiO_2$ 溶液中 Na_2O 含量占脱硫灰的质量百分数计。激发剂掺量分别为 8%、10%、15% 和 20%。试件的 3 天和 27 天抗压强度结果如图 9.2、图 9.3 所示。

从图中可以看出，碱激发剂掺量为 10% 时，高温养护试件的 3 天和 28 天抗压强度最高。掺量为 8% 时，强度明显较低，说明碱的掺量较少，达不到充分激发脱硫灰的效果。在制备脱硫灰胶凝材料过程中，水玻璃起到关键的激发剂作用。水玻璃溶液不仅能够提供一定浓度的 OH^-，为铝硅酸盐聚合反应提供强碱环境，破坏硅氧、铝氧化学键、腐蚀玻璃体、促进聚合反应快速进行，还能够生成水解硅胶，加速硅铝低聚体转化成硅铝高聚体。当掺量为 20% 时，试件的抗压强度又呈下降趋势。这说明过量的碱含量对脱硫灰胶凝材料的强度有负面影响。液体硅酸钠过多时，游离氧化钠与空气中的二氧化

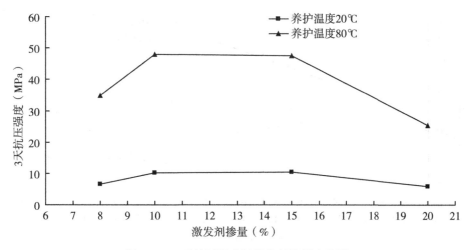

图 9.2   3 天抗压强度随激发剂掺量变化图

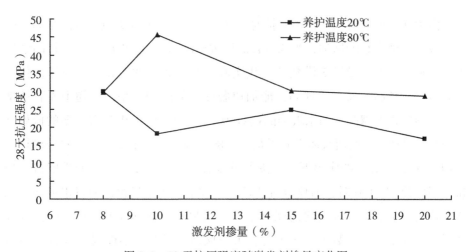

图 9.3   28 天抗压强度随激发剂掺量变化图

碳反应生成碳酸钠，游离的二氧化硅则析出无定形硅酸，从而降低了聚合物的抗压强度。

2. 水玻璃模数对胶凝材料抗压强度的影响

各组试件的水玻璃激发剂掺量统一为 10%，激发剂模数分别为 1.0、1.5、1.7 和 2.0。试件的 28 天抗压强度结果如图 9.4 所示。

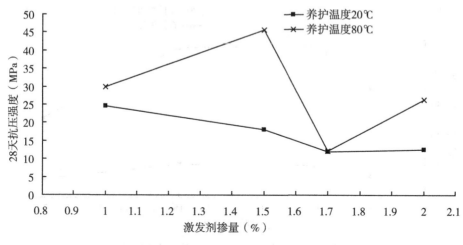

图 9.4　28 天抗压强度随水玻璃模数变化图

由图 9.4 可以看出，常温养护时，$M=1.0$ 试件的 28 天抗压强度最高。随着水玻璃溶液模数的增加，当 $M=1.5$ 和 $M=1.7$ 时，脱硫灰胶凝材料的强度明显下降。水玻璃激发剂模数的变化实际上是碱含量的变化，模数越低体系中的碱含量越高。碱含量提高，能加快脱硫灰的解构速率，产物中凝胶体增多，产物的强度越高。当水玻璃的模数 $M=1.0$ 时，溶液中具有较多的低聚硅氧四面体基团，对脱硫灰激发效果最好。80℃高温养护的试件，在水玻璃模数 $M=1.5$ 时，在温度的作用下，加快了脱硫灰的解聚速度，试样的强度得以提高。当模数 $M=1.0$ 时，因反应活性较大导致聚合速率过快，使得水玻璃在完全迁移到脱硫灰颗粒表面之前就凝结，造成脱硫灰溶解程度变低，试样的强度降低。在水玻璃模数大于 1.5 时，水玻璃活性较小，不能提供聚合反应所需的强碱环境，达不到对脱硫灰的激发效果，不利于胶凝材料发生聚合反应，试样的强度有所降低。

3. 养护温度对胶凝材料抗压强度的影响

从图 9.2 和图 9.3 可看出，高温养护试样的 3 天及 28 天抗压强度都高于常温养护试件。高温养护能显著提高聚合反应速度，提高试件的抗压强度。当养护温度过高时，水分快速蒸发，导致水分不足，反而不利于铝硅酸盐的解聚、聚合反应进行。由表 9.2 可知，常温养护试件的 28 天抗压强度比 3 天

抗压强度有较大提高。相比较而言，高温养护试件的 28 天抗压强度提高不明
显。配合比 5 和配合比 6 的试件碱激发剂掺量为 20%，其常温养护试件后期
强度有大幅度地提高，而高温养护试件提高较少。配比 5 高温养护试件由于
碱激发剂掺量过大，破坏了聚合物的凝胶结构，其 28 天抗压强度低于 3 天抗
压强度，出现长期抗压强度倒缩现象。

4. 水胶比对胶凝材料抗压强度的影响

表 9.2 中，试件 2 和试件 6 的激发剂掺量均为 10%，水玻璃模数均为
1.0，试件 2 的水胶比为 0.37，试件 6 的水胶比为 0.52。试件的总用水量包含
水玻璃中的水分子量与外加水量。

试件 2 的 3 天和 28 天抗压强度都远远大于试件 6 的抗压强度。随着水胶
比增大，胶凝体系的孔隙率相应增加，因此对于一定的水化程度，硬化浆体
的强度随水胶比的增大而降低。

综合以上分析，得出配合比 3 为最优配合比：激发剂掺量 10%，水玻璃模
数 1.5，水胶比 0.36，其高温养护试件 3 天抗压强度达到 48.08MPa，28 天抗
压强度为 45.60MPa。

5. X 衍射分析（XRD）

图 9.1 是脱硫灰原料的 XRD 谱图。图 9.5 是配合比 2 试件常温养护 28 天
的 XRD 谱图。由图 9.1 可见原脱硫灰主要成分为石英、莫来石、石灰、碳酸
钙 $CaCO_3$ 和硫酸钙相。对比图 9.1 和图 9.5 中可知，其水化 28 天的样品的
XRD 谱图与脱硫灰原料的 XRD 谱图基本相同，没有产生新的衍射峰，后者的
尖锐的衍射峰位置没有发生改变，只是强度有所变化。尖锐衍射峰的位置未
发生改变证明石英、莫来石没有参与反应，也没有生成新的晶相；谱图 9.5
中存在的晶体主要是石英、莫来石、碳酸钙。谱图 9.5 中未发现清晰可见的
C-S-H、$Ca(OH)_2$ 衍射峰和钙矾石的衍射峰；X 衍射分析表明，试样形成的矿
物聚合物为无定形矿物相。试样谱图中的衍射角在 27°～32°（2θ）范围内的
漫射峰是由铝硅酸盐玻璃相形成的。这一范围内的衍射峰包的出现常用作表
示无定型态无机聚合物凝胶相的形成。

6. 样品的 SEM 分析

图 9.6 所示是配合比 2 试件常温养护 28 天的 SEM 照片。图中清晰可见，
脱硫灰颗粒表面发生明显的化学反应，它填充在大量的凝胶体中，被大量的

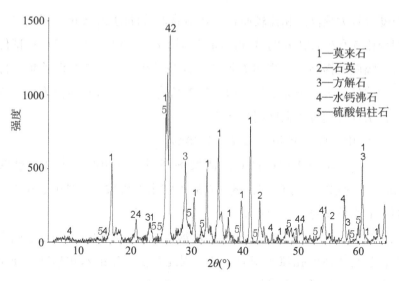

1—莫来石
2—石英
3—方解石
4—水钙沸石
5—硫酸铝柱石

图 9.5 脱硫灰胶凝材料 28d 天 XRD 谱

海绵状凝胶体覆盖。从图中可以看出，脱硫灰颗粒与凝胶状水化产物连接紧密，试样的结构均匀致密，从而使得试样硬化浆体具有较好的力学强度。

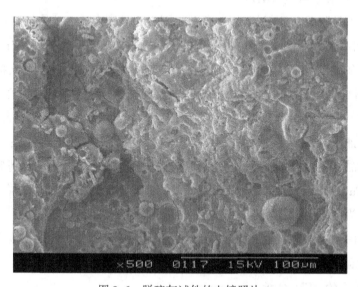

图 9.6 脱硫灰试件的电镜照片

9.3.4 结论

（1）影响制品抗压强度主要的因素是水玻璃用量、水胶比、水玻璃模数、养护时间。通过优化，得出配合比 3 为最优配合比：激发剂掺量 10%，水玻璃模数 1.5，水胶比 0.36，其高温养护试件 3 天抗压强度达到 48.08MPa，28 天抗压强度为 45.60MPa，能够满足脱硫灰制备胶凝材料的强度要求。

（2）高温养护可以显著地提高试件的早强度，但对试件的长期强度提高不明显，部分高温养护试件出现了长期抗压强度倒缩现象。

（3）试样的 XRD 和 SEM 分析结果表明，试样形成的矿物聚合物主要为无定形的硅铝酸盐，莫来石和石英石未参与反应。脱硫灰颗粒与无定形凝胶产物紧密结合，进而形成结构致密的矿物聚合物。

参 考 文 献

[1] 王立久，李洪义．我国新型住宅结构体系及其墙体材料现状 [J]．房材与应用，2001，10．

[2] 王华．结构体系应符合建筑工业化的发展方向 [J]．江苏建筑，2006，1．

[3] 曾汉民．高技术新材料要览 [M]．北京：中国科学技术出版社，1993．

[4] 中国建筑材料科学研究院．绿色建材和建材绿色化 [M]．北京：化学工业出版社，2003．

[5] 师昌绪，李恒德，周廉．材料科学与工程手册 [M]．北京：化学工业出版社，2004．

[6] 王志，王悦，刘福田，程新．可持续发展与环保型材料 [J]．硅酸盐通报，2001（3）．

[7] 熊燕．建筑师视野中的可生长建筑材料 [D]．武汉：华中科技大学，2005．

[8] 翁端．环境材料学 [M]．北京：清华大学出版社，2001．

[9] 霍宝锋，刘伯莹．可持续发展与环境材料 [J]．天津大学学报．2001，34（1）．

[10] 刘江龙，李辉，丁培道．工程材料的环境影响质量评价研究 [J]．环境科学进展，1999（2）．

[11] 韩宪兵．环境材料网站开发及材料环境协调数据库 [D]．重庆：重庆大学，2003．

[12] 陈家镛．过程工业与过程工程学 [J]．过程工程学报．2001，1（1）．

[13] Billats S B, Basaly N A. Green Technology and Design for the Environments [M]. Washington D. C：Taylor & Francis, 1997.

[14] 牛强，潜伟．技术与管理的集成创新 [J]．包头钢铁学院学报，2002，

21 (4).

[15] 牛强，潜伟. 过程科学与过程工程 [J]. 科学学研究，2002，20 (2).

[16] 郭慕孙. 过程工程的科技构成和展望 [J]. 科学中国人，2002，12.

[17] 成升魁，闵庆文，闫丽珍. 从静态的断面分析到动态的过程评价 [J].
自然资源学报，2005，20 (3).

[18] 沈镭，刘晓洁. 资源流研究的理论与方法探析 [J]. 资源科学，2006，
28 (3).

[19] 周和敏. 钢铁材料生产过程环境协调性评价研究 [D]. 北京：北京工业
大学工学，2001.

[20] 熊燕. 建筑师视野中的可生长建筑材料 [D]. 武汉：华中科技大
学，2005.

[21] 冯乃谦. 新实用混凝土大全 [M]. 北京：科学出版社，2005.

[22] 蔡绍怀. 高强混凝土结构技术规程（CECS104：99）介绍——钢管混凝
土柱设计和施工 [J]. 建筑结构，2001，31 (4).

[23] 王震宇. 钢管高强混凝土叠合柱抗震性能与设计方法的研究 [D]. 哈尔
滨：哈尔滨工业大学，2001.

[24] 薛立红，蔡绍怀. 套箍高强混凝土的强度和变形 [A] //中国建筑科学
研究院. 混凝土结构研究报告选集 [C]. 北京：中国建筑工业出版
社，1994.

[25] 蔡绍怀. 现代钢管混凝土结构 [M]. 北京：人民交通出版社，2003.

[26] 蔡绍怀. 我国钢管高强混凝土结构技术的最新进展 [J]. 建筑科学，
2002，18 (4).

[27] 钟善桐. 钢管混凝土结构 [M]. 北京：清华大学出版社，2003.

[28] 杨稚华. 万县长江大桥的设计 [A]. 四川省公路学会桥梁学术研讨会论
文集，1996.

[29] 林立岩，李庆钢. 混凝土与钢的组合促进高层建筑结构的发展 [J]. 东
南大学学报，2002，32 (5).

[30] Zhang, W Z, Shahrooz, Bahram M. Comparison between ACI and AISC for
concerte-filled tubular columns [J]. Journal of Structural Engineering, 1999.

[31] 韩林海. 钢管混凝土结构——理论与实践 [M]. 北京：科学出版

社，2004.

［32］ Schneider, Stephen P. Axially loaded concrete-filled steel tubes ［J］. Journal of Structural Engineering. 1998，124（10）.

［33］ 蔡绍怀. 钢管混凝土结构的计算与应用 ［M］. 北京：中国建筑工业出版社，1989.

［34］ 中国工程建设标准化协会标准. 钢管混凝土结构设计与施工规程（CECS28：2012）［S］. 北京：中国计划出版社，2012.

［35］ 中国工程建设标准化协会标准. 高强混凝土结构技术规程（CECS104：99）［S］. 北京：中国工程建设标准化协会，1999.

［36］ Hu H T, M. Asce, Huang C S, Wu M H, et al. Nonlinear Analysis of Axially Loaded Concrete-Filled Tube Columns with Confinement Effect ［J］. Journal of Structural Engineering, 2003, 129（10）.

［37］ Peter M, John F B, Mohamed L. Composite response of high-strength concrete confined by circular steel tube ［J］. ACI Structural Journal, 2004, 101（4）.

［38］ Shams M, Saadeghvaziri M A. Nonlinear response of concrete-filled steel tubular columns under axial loading ［J］. ACI Structural Journal, 1999, 96（6）.

［39］ Han, L H, Yang, Y F. Analysis of thin-walled RHS columns filled with concrete under long-term sustained loads ［J］. Thin-walled Structures, 2003, 41（9）.

［40］ Nakai, H, Kurita, Ichinose, L H. An experimental study on creep of concrete filled steel pipes ［J］. Froc. of 3rd Inter. Confer. on Steel and Concrete Composite Stl-uctures, Fukuoka, Japan, 1991.

［41］ 陈周熠，赵国藩，张德娟. 钢管混凝土增强高强混凝土柱的轴压比限值分析研究 ［J］. 工业建筑，2002，32（4）.

［42］ 张德娟. 以钢管砼为核心的高强砼柱的试验研究 ［D］. 大连：大连理工大学，1995.

［43］ 林拥军. 配有圆钢管的钢骨混凝土柱试验研究 ［D］. 南京：东南大学，2002.

[44] 谢晓锋 . 高强钢管（骨）混凝土核心柱轴压性能的试验研究［D］. 广州：华南理工大学，2002.

[45] 钢管混凝土结构技术规范 GB/T50936—2014［S］. 北京：中国建筑工业出版社，2014.

[46] 秦宇毅 . 500m 级钢管混凝土拱桥极限承载力分析［D］. 重庆交通大学，2018.

[47] 潘春龙，张万实，浦东，陈思明，王超 . 沈阳宝能环球金融中心超高层建筑钢管混凝土巨柱施工技术［J］. 施工技术，2018，47（23）.

[48] 杨开，范重，刘先明，刘涛，李劲龙，胡纯炀 . 中国铁物大厦结构设计［J］. 建筑结构，2018，48（2）.

[49] Lie T T, Kodur V K R. Fire resistance of steel columns filled with barreinforced concrete［J］. Journal of Structural Engineering, ASCE, 1996, 122（1）.

[50] Kodur V K R, Lie T T. Fire resistance of steel columns filled with fibrereinforced concrete［J］. Journal of Structural Engineering, ASCE, 1996, 122（7）.

[51] Kodur V K R. Performance based fire resistance design of circular-filled steel columns［J］. Journal of Constructional Steel Research, 1995, 51.

[52] Klingsch W. New Developments in Fire Resistance of Hollow Section Structures［J］. Symposiumon Hollow Structural Sections in Building Construction, ASCE, Chicago Illinois, 1985.

[53] Kim D K, Choi S M, Chung K S. Structural characteristics of CFT columns subjected to fire loading and axial force［J］. Proceedings of the 6th ASCCS Conference, LosAngeles, USA, 2000.

[54] Han L H, Zhao X L, Yang Y F et al. Experimental study and calculation of fire resistance of concrete-filled hollow steel columns［J］. Journal of Structural Engineering, ASCE, 2003, 129（3）.

[55] 徐蕾，韩林海 . 方形截面钢管混凝土温度场的非线性有限元分析［J］. 哈尔滨建筑大学学报，1999，132（5）.

[56] Han L H. Fire performance of concrete filled steel tubular beam-columns

［J］. Journal of Constructional Steel Research，2001，57.

［57］ Han L H, Yang Y F, Xu L. An experimental study and calculation on the fire resistance of concrete-filled RHS columns ［J］. Journal of Construction Steel Research，2003，59.

［58］ 韩林海，霍静思. 火灾作用后钢管混凝土柱的承载力研究 ［J］. 土木工程学报，2002，35（4）.

［59］ Nakanishi K, Kitada T, Nakai H. Experimental study on ultimate strength and ductility of concrete-filled steel columns under strong earthquake ［J］. Journal of Construction Steel Research，1999，51.

［60］ Azizinamini A, Elremaily A. Experimental behavior of steel beam to CFT column connections ［J］. Journal of Constructional Steel Research，2001，57.

［61］ Nie Jianguo, Qin Kai, Xiao Yan. Push-Over analysis of the seismic behavior of a concrete-filled rectangular tubular frame structure ［J］. Tsinghua Science and Technology，2006，11（1）.

［62］ Shams M, Saadeghvaziri M A. State of the art of concrete-filled steel tubular column ［J］. ACI Structural Journal，1997，94（5）.

［63］ 王路明. 冲击荷载作用下钢管混凝土柱损伤评估方法研究 ［D］. 西南交通大学，2018.

［64］ 曾岚. FRP 约束再生混凝土内钢管空心组合圆柱力学性能研究 ［D］. 广东工业大学，2018.

［65］ 孙国帅，顾威，冯娇. CFRP 约束钢管混凝土结构开发与应用研究 ［J］. 辽宁工业大学学报（自然科学版），2018，38（05）.

［66］ 张俊林. FRP 管—混凝土—钢管混凝土组合柱轴心受压的有限元分析 ［D］. 大连理工大学，2016.

［67］ 陈东，王庆利. 碳纤维增强聚合物-方钢管混凝土剪切性能试验 ［J］. 建筑结构学报，2018（2）.

［68］ 刘兰，李兴，吴越，程志，高营. 碳纤维增强复合材料约束钢管混凝土圆柱抗爆性能的数值模拟分析 ［J］. 钢结构，2018，33（12）.

［69］ 李斌. FRP 管—混凝土—钢管组合结构拱桥的研究应用 ［D］. 华中科

技大学，2012.

[70] 迟耀辉，王立久．钢管混凝土组合柱轴压承载力研究［J］．建材技术与应用，2008（11）.

[71] Olivier Bonneau, Mohamed Lachemi, Eric Dallaire, et al. Mechanical properties and durability of two industrial reactive powder concretes［J］. ACI Materials Journal, 1997, 94（4）.

[72] Shaheen Ehab, Shrive Nigel G. Optimization of mechanical properties and durability of reactive powder concrete［J］. ACI Materials Journal, 2006, 103（6）.

[73] 未翠霞，宋少民．大掺量粉煤灰活性粉末混凝土耐久性研究［J］．新型建筑材料，2005，（9）.

[74] 宋少民，未翠霞．活性粉末混凝土耐久性研究［J］．混凝土，2006，（2）.

[75] 王军强．混凝土中冻融循环和氯离子侵蚀的耦合效应试验研究［J］．混凝土，2008，11.

[76] 纪玉岩．海洋环境下活性粉末混凝土耐久性研究［D］．哈尔滨：哈尔滨工业大学，2011.

[77] Marcel Cbeyrezy, Vincent Maret, Laurent Frouin. Micro structural analysis of RPC［J］. Cement and Concrete Research. 1995, 25（7）.

[78] 安明喆，杨新红，王军民，崔宁．活性粉末混凝土的微细观结构研究［J］．低温建筑技术，2007，37（1）.

[79] A Cwirzen. The effect of the heat-treatment regime on the properties of reactive powder concrete［J］. Advances in Cement Research, 2007, 19（1）.

[80] 何世钦，贡金鑫，弯曲荷载作用对混凝土中氯离子扩散的影响［J］．建筑材料学报，2005，8（2）.

[81] 李同乐．活性粉末混凝土损伤后的耐久性研究［D］．北京：北京交通大学，2011.

[82] 陈万祥，郭志昆．活性粉末混凝土基表面异形遮弹层的抗侵彻特性［J］．爆炸与冲击，2010，30（01）.

［83］ 活性粉末混凝土结构技术规程（DBJ43/T325—2017）［S］. 北京：中国建筑工业出版社，2017.

［84］ 严捍东，钱晓倩. 新型建筑材料教程［M］. 北京：中国建材工业出版社，2005.

［85］ 活性粉末混凝土（GB/T31387—2015）［S］. 北京：中国建筑工业出版社，2014.

［86］ 赵筠，廉慧珍，金建昌. 钢-混凝土复合的新模式——超高性能混凝土（UHPC/UHPFRC）之一：钢-混凝土复合模式的现状、问题及对策与UHPC发展历程［J］. 混凝土世界，2013（10）.

［87］ 赵筠，廉慧珍，金建昌. 钢-混凝土复合的新模式——超高性能混凝土（UHPC/UHPFRC）之二：配制、生产与浇筑，水化硬化与微观结构，力学性能［J］. 混凝土世界，2013（11）.

［88］ 郑文忠，吕雪源. 活性粉末混凝土研究进展［J］. 建筑结构学报，2015，36（10）.

［89］ 王立久，赵国藩. 建筑模网夹芯混凝土增强机理研究［J］. 建筑材料学报. 2000，3（2）.

［90］ 吴中伟. 绿色高性能混凝土与科技创新［J］. 建筑材料学报，1998，1（1）.

［91］ 覃维祖. 混凝土技术进展现状与可持续发展前景［J］. 施工技术，2006，35（4）.

［92］ 马保国，李永鑫. 绿色高性能混凝土与矿物掺合料的研究进展［J］. 武汉工业大学学报，1999，21（5）.

［93］ 欧阳新平，李嘉，邱学青. 混凝土减水剂的发展与绿色化［J］. 世界科技研究与发展，2006，2.

［94］ Kim B G, Jiang S P, Jolicoeur C, et al. The adsorption behavior of PNS superplasticizer and its relation to fluidity of cement paste［J］. Cement and Concrete Research, 2000, 30.

［95］ 覃维祖. 混凝土的收缩、开裂及其评价与防治［J］. 混凝土，2001，7（141）.

［96］ 黄国兴，惠荣炎. 混凝土的收缩［M］. 北京：中国铁道出版社，1990.

[97] 吴中伟，廉慧珍．高性能混凝土［M］．北京：中国铁道出版社，1999.

[98] 莫祥，许仲梓，唐明述．混凝土减水剂最新研究进展［J］．精细化工，2004，21.

[99] 王立久，李振荣．建筑材料学［M］．北京：中国水利水电出版社，2000.

[100] Mindess S, Young J F. Concrete［M］. New Jersey：prentice-Hall，1981.

[101] G H Tattersall. The Rationale of a Two-Point Workability Test［J］. Magazine of Concrete Research，1973，25（84）.

[102] 艾红梅．大掺量粉煤灰混凝土配合比设计与性能研究［D］．大连：大连理工大学，2005.

[103] D W Hobbs. The effect of pulverized-fuel ash upon the workability of cement and concrete［J］. Magazine of Concrete Research，1980，32.

[104] R A Helmuth. Water-reducing properties of fly ash in cement pastes, mortars, and concrete；causes and test methods, fly ash, silica fume, slag, and natural pozzolans in concrete, SP-91, ACI, 1986.

[105] 陈惠苏，孙伟，Stroeven Piet. 水泥基复合材料集料与浆体界面研究综述（二）［J］．硅酸盐学报，2004，32（1）.

[106] 王福元，吴正严．粉煤灰利用手册［M］．北京：中国电力出版社，1997.

[107] 沈旦申，张荫济．粉煤灰效应的探讨［J］．硅酸盐学报，1981，9（1）.

[108] 钱觉时．粉煤灰特性与粉煤灰混凝土［M］．北京：科学出版社，2002.

[109] 李广信．高等土力学［M］．北京：清华大学出版社，2004.

[110] 徐定华，徐敏．混凝土材料学概论［M］．北京：中国标准出版社，2002.

[111] 王立久，迟耀辉，喻正浩．滤水混凝土的试验研究［J］．混凝土，2006（6）.

[112] 叶肖伟．电场、渗流场和浓度场耦合作用下污染物在黏土中的迁移机理研究［D］．杭州：浙江大学，2005.

[113] L Jared West，Douglas I Stewart, Andrew M Binley and Ben Shaw.

Resistivity imaging of electrokinetic transport in soil［J］. Journal of Geoenvironmental engineering, ASCE, 1997, 61 (4).

［114］J Q Shane , K Y Lo . Electrokinetic dewatering of phosphate clay［J］. Journal of Hazardous Materials, 1997, 55 (1).

［115］欧孝夺 . 岩土工程固结技术用于水体分离［D］. 南宁：广西大学, 1998.

［116］胡英 . 物理化学［M］. 北京：高等教育出版社, 1999.

［117］裴畅荣 . 轻钢肋筋建筑模网在墙体工程的应用［J］. 低温建筑技术, 2015, 37 (01).

［118］钱郑锴 . 泡粒混凝土模网保温墙体研究［D］. 东北大学, 2015.

［119］任铮钺, 王立久, 孙治国 . 建筑模网混凝土墙体抗震试验研究与有限元分析［J］. 工程力学, 2012, 29 (12).

［120］屈文俊, 陈璐, 刘于飞 . 碳化混凝土结构的再碱化维修技术［J］. 建筑结构. 2001, 31 (9).

［121］蒲心诚, 叶连生, 姚琏等 . 混凝土学［M］. 北京：中国建筑工业出版社, 1981.

［122］Jin Xian-yu, Jin Nan-guo, Li Zong-jin. Study on the electrical properties of young concrete［J］. Journal of Zhejiang University. 2002, 3 (2).

［123］许仲梓 . 水泥混凝土电化学进展——交流阻抗谱理论［J］. 硅酸盐学报, 1994, 22 (2).

［124］Hunkeler F. The resistivity of pore water solution-a decisive parameter of rebar corrosion and repair methods［J］. Construction and Materials, 1996, 10 (5).

［125］万小梅, 赵铁军 . 混凝土粉末浸液的电导率与混凝土的渗透性［J］. 工业建筑, 2005, 35 (8).

［126］Esrig M I. Pore pressure, consolidation and electrokinetics［J］. Journal of the SMFD, ASCE, 1968, 94 (SM4).

［127］Wan T Y, Mitchell J K. Electro-osmotic consolidation of soils［J］. J. of the Geotechnical Engineering Division, 1976, GT5 (5).

［128］Roland W Lewis, Chris Humpheson. Numerical analysis of electro-osmotic flow in soils［J］. J. of the SMFD, ASCE, 1973, 95（SM8）.

［129］ Akram N Alshawabkeh, Thomas C Sheahan, Xingzhi Wu. Coupling of electrochemical and mechanical processes in soils under DC fields［J］. Mechanics of Materials 36（2004）.

［130］孔祥言. 高等渗流力学［M］. 合肥：中国科学技术大学出版社, 1999.

［131］詹海燕. 建筑模网混凝土增强机理与结构试验研究［D］. 大连：大连理工大学, 2003.

［132］郑晓东. 建筑模网混凝土渗滤效应及组合拉筋模网混凝土结构［D］. 大连：大连理工大学, 2004.

［133］Stockholm. Tuutti KC Corrosion of steel in concrete［J］. Swedish Cement and Concrete Research, 1982（7）.

［134］Mehta P K. Influence of fly ash characteristics on the strength of portland fly ash mixtures［J］. Cement and Concrete Research, 1985.

［135］王立久, 刘显福. 帝枇建筑模网［J］. 房材与应用, 1999, 4.

［136］庄艳峰, 王钊, 林清. 电渗的能级梯度理论［J］. 哈尔滨工业大学学报, 2005, 37（2）.

［137］E J Garbocai, D P Bentz. Computational material science of cement-basedmaterial［J］. MRS, 1993.

［138］李淑进, 赵铁军, 吴科如. 混凝土渗透性与微观结构关系的研究［J］. 混凝土与水泥制品, 2004, 2.

［139］FO M 布然诺夫. 混凝土工业学［M］. 北京：中国建筑出版社, 1985.

［140］王立久, 迟耀辉, 郑芳宇. 建筑模网钢管混凝土性能研究［J］. 建筑材料学报, 2007, 10（2）.

［141］马保国, 王迎飞, 周丽美. 负温高性能混凝土抗氯离子渗透性试验研究［J］. 混凝土, 2002（6）.

［142］P K Mehta. Durability—critical issues for the future［J］. Concrete International, 1997, 7.

［143］Taylar H F W. Cement Chemistry［M］. Academic Press, 1990.

［144］樊粤明, 文梓芸, 李智诚, 等. GYH 复合技术配制高抗渗抗蚀混凝土的研究［J］. 山东建材学院学报, 1998（6）.

［145］冷发光，冯乃谦．高性能混凝土渗透性和耐久性及评价方法研究［J］．低温建筑技术，2000，4.

［146］杨进波，Folker H. Wittmann，赵铁军，等．混凝土氯离子扩散系数试验研究［J］．建筑材料学报，2007，10（2）.

［147］E J Garbocai, D P Bentz. Computational Material Science of Cement-based Material［J］. MRS, 1993.

［148］迟耀辉．模网钢管滤水混凝土耐久性研究［J］．佳木斯大学学报（自然科学版），2009，27（6）.

［149］Wang Lijiu, Chi Yaohui. Experimental research on the bearing capacity of axially loaded composite columns with concrete core encased by steel tube［J］. Advances in Steel Structures, 2005.

［150］游宝坤，李乃珍．膨胀剂及其收缩混凝土［M］．北京：中国建材工业出版社，2005.

［151］叶跃忠，文志红，潘绍伟．钢管混凝土脱粘及灌浆补救效果试验研究［J］．西南交通大学学报，2004，39（3）.

［152］屈文俊．裂缝对混凝土桥梁耐久性影响的评估［J］．铁道学报，1997，25（4）.

［153］王湛．约束膨胀混凝土的力学性能分析［J］．哈尔滨建筑大学学报，2000，33（3）.

［154］吴中伟，张鸿直．膨胀混凝土［M］．北京：中国铁道出版社，1990.

［155］徐磊．钢管自应力免振捣混凝土轴压柱设计理论研究［D］．大连：大连理工大学，2005.

［156］Gu G S. Mechanism of stored energy for new chemically prestressed concrete filled steel tube［J］. The 3th Beijing International Symposium on Cement and Concrete, Beijing, 1998.

［157］Gu Ganshen. An investigation of the working mechanism of the prestressed CFST under compression［J］. ICCS-3, 1991.

［158］李帼昌，刘之洋．自应力钢管轻骨料混凝土结构［M］．沈阳：东北大学出版社，2001.

［159］伍元．外掺 MgO 混凝土拱坝变形性态研究［D］．南京：河海大

学，2003.

[160] 崔琳.脱硫产物的特性及综合利用研究 [D].济南：山东大学，2005.

[161] 钱骏，徐强.干法脱硫灰渣的性能及应用探索 [J].粉煤灰，2003，15 (5).

[162] 彭志辉，季建新，林芳辉等.烟气脱硫石膏及建材资源化研究 [J].重庆环境科学，2000 (12).

[163] 黄兆敏.烟气脱硫及脱硫石膏的应用研究 [J].辽宁建材，1999 (2).

[164] 付晓茹，翟建平，黎飞虎等.金陵热电厂脱硫灰的理化性能研究 [J].粉煤灰综合利用，2005 (2).

[165] 孙俊民，姚强，曹慧芳，等.燃煤固体产物的资源特性与应用前景 [J].粉煤灰，2004 (4).

[166] 田刚，王红梅，张凡.脱硫灰的综合利用 [J].能源环境保护，2003，17 (6).

[167] Anthony EJ. Fluidized bed combustion of altemative solid fuels, status, successes and problems of the technology [J]. Prog Energy Combust Sci, 1995, 21 (3).

[168] 高廷源.循环流化床锅炉脱硫灰渣特性及综合利用研究 [D].成都：四川大学，2004.

[169] Ramamurthy K, Narayanan N. Factors influencing the density and compressive strength of aerated conerete [J]. Mgazine of concrete research, 2000 (6).

[170] Muh-Cheng M Wu, Feorge E Wasson. Method for making manufaetured aggregates from coal combustion by Products [J]. US Patent, 1999-09-14.

[171] J Blondin, E J Anthony. A Selective hydration treatment to enhance the utilization of CFBC ash in concrete [C]. 1995 Int. Conf. On FBC, Vol. 2.

[172] Suzanne M Burwell, Edward J Anthony, Ediwin E Berry. Advanced FBC ash treatment technologies [C]. 1995, Int. Conf on FBC, Vol. 2.

[173] Renee M. Payette, Willima E. Wolfe and Joel Beeghy, Use of clean coal combustion by products in highway repairs [J]. Fuel, 1997, 76 (8).

[174] T. s. Butalia, W. E. wolfe, J. w. Lee, Evaluation of a dry FGD material as a

Flowable fill [J]. Fuel, 2001, 80.

[175] L. Chen, W. A. Dick, and S N. elson. Flue gas desulfurization by-products additions to acid soil: alfafla Productivity and enviromnental quality [J]. Environmental Pollution, 2001, 114.

[176] J. J. sloan, R. H. Dowdy, M. s. Dolan. Plant and soil responses to field-applied flue gas desulfurization residue [J]. Fuel, 1999, 78.

[177] R. B. Clark, K. D. Ritchey, V. C. Baligar. Benefits and constraints for use of FGD products on agricultural land [J]. Fuel, 2001, 80.

[178] 王文龙, 施正伦, 骆仲涣, 等. 流化床脱硫灰渣的特性与综合利用研究 [J]. 电站系统工程, 2002, 18 (5).

[179] 王文龙, 任丽, 董勇, 等. 半干法烟气脱硫产物对水泥缓凝作用的研究 [J]. 水泥, 2008 (3).

[180] 苏达根, 刘辉敏, 朱锦辉, 陈康. 烟气脱硫灰对水泥凝结时间的影响 [J]. 水泥, 2005 (5).

[181] 陶珍东. 亚硫酸钙烟气脱硫石膏作缓凝剂的研究 [J]. 水泥工程, 2004, (6).

[182] 苏达根, 陈懿懿, 李平. 废弃物综合利用与生态环境材料 [J]. 广州化工, 2005 (2).

[183] 张凡, 张伟, 杨霓云, 王红梅, 崔平, 王山珊. 半干半湿法烟气脱硫技术研究 [J]. 环境科学研究, 2000, 13 (1).

[184] 胡伟. 脱硫灰与矿渣耦合制备新型墙体材料的研究 [D]. 安徽工业大学, 2018.

[185] 苏清发. 利用干法脱硫灰制备蒸压砖的试验研究 [J]. 砖瓦, 2017 (12).

[186] 卢林. 半干法脱硫灰生产蒸压砖技术研究 [D]. 华北电力大学, 2015.

[187] 周维, 蒋正武, 顾文飞. 干法脱硫灰用作混凝土掺合料的应用研究 [J]. 粉煤灰, 2017, 29 (01).

[188] 周向飞. 改性脱硫灰渣对水泥性能和微观结构的影响研究 [D]. 成都理工大学, 2015.

[189] 程志, 魏林海, 韩涛, 靳秀芝, 刘兰, 谢俞超. 循环流化床脱硫灰渣

性质及应用研究进展［J］．锅炉技术，2018，49（05）．

［190］李静猷，黄德祥，徐东，孟平原．轻质脱硫灰漂珠外墙保温隔声砂浆的制备及性能研究［J］．粉煤灰综合利用，2018（04）．

［191］戴和武，李连仲，谢玉可．谈高硫煤资源及利用［J］．中国煤炭，1999，25（11）．

［192］杨海波，武增华，邱新平．CaO固硫反应机理研究新进展［J］．燃煤化学学报，2003，31（1）．

［193］Harman M. Air pollution control costs for coa lfired power station［C］. IEA Coal Researeh. London，UK，1995.

［194］Carea A，Femandez Ⅰ，Femandez M，et al. Fly ash／Calcium hydroxide mixture for SO$_2$ removal：structural properties and maximum yield［J］. Chemical Engineers Journal，1997，66.

［195］Neathery J K. Model for flue-gas desulfurization in a circulating dry scrubber［J］. The American Institute of Chemical Engineers Journal，1996，42.

［196］徐玉柱，王树茜．循环硫化床锅炉灰渣综合利用［J］．天津建材，2004，（2）．

［197］A. Behr，B. Christina. Characterization and use of fluidized bed combustion coal ash［J］. Journal of Environmental Engineering，1994，120（6）．

［198］潘红樱．飞灰和脱硫残渣的应用［J］．中国煤炭，2000，26（1）．

［199］A. E Bland，E. D. Jones，J. G. Rose，et al. Produetion of no-cement concretes utilizing fluid bedcombusition waste and power plant fly ash［A］. Proceedings of the 9th International Conference on FBC，ASME，1987.

［200］田书营．锅炉飞灰回收燃烧实验研究［J］．中国能源，1999（5）．

［201］徐猛，李登新，王启民登．灰水活化团聚脱硫技术［J］．煤炭转化，2003，26（1）．

［202］杨文，谢晓闻，黄羽雕等．循环硫化床锅炉飞渣综合利用［J］．江西能源，1998（4）．

［203］R. E. Conn，K. Sellakumar. Utilization of CFB flu ash fo rconstruction applications［A］. Proceeding of the 15th international conference on FBC［C］. ASME，1999.

[204] 万百千, 路新瀛. 用固硫渣作土壤固化剂的可行性研究 [J]. 粉煤灰综合利用, 2002 (3).

[205] 葛云甫, 鲍新才. 燃煤电厂脱硫灰渣的建材利用问题 [J]. 粉煤灰综合利用, 1999 (5).

[206] 杨福增. 二灰法软土路基处理 [J]. 石家庄铁路职业技术学院学报, 2006 (5).

[207] 谌军. 脱硫灰改良路基软土特性研究及工程应用 [D]. 南京: 河海大学, 2007.

[208] 傅伯和, 葛介龙, 郑月华. 干法脱硫灰用作水泥混合材料及缓凝剂的可行性研究 [J]. 电力环境保护, 2000, 16 (4).

[209] 丛钢, 龚七一, 丁宇. 脱硫石膏作水泥缓凝剂研究 [J]. 水泥, 1997, 4.

[210] M. Hulusi Ozkul. Utilization of Citro-and desulphogypsum as set retarders in Portland cement [J]. Cement and Conerete Research, 2000 (30).

[211] 刘孟贺. LIFAC 干法脱硫灰的性能及其在水泥中的应用研究 [D]. 西安: 西安建筑科技大学, 2008.

[212] 傅晓茹, 邹继兴. 脱硫灰中有毒、有害元素含量及使用安全性评价 [J]. 河北理工学院学报, 2004 (1).

[213] 高廷源. 循环流化床锅炉脱硫灰渣特性及综合利用研究 [D]. 成都: 四川大学, 2004.

[214] 王文龙, 董勇, 任丽, 等. 电厂脱硫灰烧成硫铝酸盐水泥的试验研究 [J]. 环境工程学报, 2008, 2 (6).

[215] Gomes S. Charaeterization and comparative study of coal combustion residues from a primary and additional flue gas secondary desulfurization process [J]. Cement and Concrete Research, 1998, 28 (11).

[216] 刘凌江. 用增钙粉煤灰作水泥混合材的研究 [J]. 粉煤灰综合利用, 1997, 2.

[217] A Lagos J Malolepszy. Tricalcium aluminate hydration in the presence of calcium sulfite hemihydrate [J]. Cement and Concrete Research, 2003 (33).

［218］ Wenlong Wang, Zhongyang Luo, Zhenglun Shi, etal. A pre-liminary study on zero solid waste generation from pul-verized coal combustion （PCC）［J］. Waste Management and Research, 2003, 21 （3）.

［219］ X C Qiao, C S Poon, C Cheeseman. Use of flue gas desul-phurisation （FGD） waste and rejected fly ash in waste stabilization/solidification systems ［J］. Waste Management, 2006, 26 （2）.

［220］ I Lecuyer, S Bicocchi, P Ausset, etc. Physico-chemical characterization and leaching of desulfurization and coal fly ash ［J］. Waste Management & Research, 1996, 14 （1）.

［221］ 陈袁魁, 朱同松. 脱硫灰渣用于制备矿物聚合材料的研究 ［J］. 中国资源综合利用, 2008, 26 （3）.

［222］ 吴家华, 刘宝山, 董云中等. 粉煤灰改土效应研究 ［J］. 土壤学报, 1995, 32 （3）.

［223］ 申俊峰, 李胜荣, 孙岱生等. 固体废弃物修复荒漠化土壤的研究——以包头地区为例 ［J］. 土壤通报, 2004, 35 （3）.

［224］ 牛花朋, 李胜荣, 申俊峰等. 粉煤灰与若干有机固体废弃物配施改良土攘的研究进展 ［J］. 地球与环境, 2006, 234 （2）.

［225］ Davidovits J. Geopolymer chemistry and applications ［M］. Saint-Quentin: Geopolymer Institute, 2008.